地方志災異資料叢刊

第二編

29

于春媚 賈貴榮 編

國家圖書館出版社

第二十九冊目録

【民國】萬載縣志……一
【乾隆】高安縣志……二三
【同治】高安縣志……四三
【同治】重修上高縣志……六一
【同治】新昌縣志……七九
【同治】臨江府志……九九
【同治】清江縣志……一一一
【同治】新喻縣志……一一七
【同治】安義縣志……一二五

【康熙】奉新縣志……一三七
【同治】奉新縣志……一四七
【同治】豐城縣志……一七一
【同治】靖安縣志……一九五
【嘉靖】撫州府志……二一一
【光緒】撫州府志……二三九
【同治】臨川縣志……二八九
【同治】崇仁縣志……三一九
【同治】金谿縣志……三三七
【同治】宜黄縣志……三五三
【同治】樂安縣志……三六七
【同治】東鄉縣志……三七一
【同治】南城縣志……三八九

【道光】新城縣志……四二三
【同治】江西新城縣志……四四三
【民國】南豐縣志……四五九
【同治】瀘溪縣志……四七一
【同治】進賢縣志……四八一
【光緒】吉安府志……五〇五

張薌甫修　龍賡言纂

【民國】萬載縣志

民國二十九年(1940)木活字本

宋大中祥符三年秋七月江漲沒民田采府志補

景祐三年夏大雨驟漲壞民廬官署圖籍倉廩淪沒參府志

紹興四年自夏及秋大水

舊按舊志誤次淳熙後今更正

淳熙五年夏五月大水

舊按省志府志僅載分宜大水

九年夏五月不雨至秋七月旱

十年大旱　十四年夏五月旱饑度僧牒糴米備賑參豫章書

十五年夏六月水圯民廬

慶元六年夏五月大水自庚午至甲戌漂民廬害稼參府志

嘉泰四年春大饑殍死不可勝瘞發常平倉賑之部使者盖以緡

聚參豫章書府志

元至元二年饑豫章書　五年冬十二月饑　二十七年秋七月水

采豫章書補

大德七年夏五月饑府志

延祐二年夏久雨錦水泛溢　三年夏五月饑

泰定二年夏五月饑豫章書

至正二年米出石完邑南月嶴山有數巨石穴中每日出米少許貧者得焉一日有人先往竊取之遂不復出　十一年夏大水　二十年春雨雪六十日

明洪武二十二年旱　三十四年夏秋大雨

永樂十年春大水

宣德九年大旱　十年又旱民饑

景泰三年冬四年春凝雪兩月餘寒甚　六年大旱斗米銀一錢

天順二年夏四月大水山崩蛟出　五年大疫

成化五年冬十二月雙虎咆哮東關外白晝噬人行旅滅跡　六年春正月知縣陳璨爲文禱城隍祠虎旋遁　十年民饑多盜十二年夏五六月不雨穀價騰躍互相攘奪後有監巡坐賑立刖足之法民稍甦定　十四年夏四月十六日大水雙虹橋圮　十六年大水給事劉蓋宅盡陷水口洲渚成川

宏治七年冬嚴寒林木枯摧人多凍死　八年夏五月不雨至於

秋八月民大饑　十一年旱采府志　十六年夏大旱民饑
正德元年夏旱秋七月大水山崩橋壞墊民廬舍早稻入於泥
三年夏大旱民饑　四年旱大饑竹生花結實如米民多採食
五年旱饑　七年夏旱民饑　八年夏旱饑　十四年仁壽坊彭
顯家芝生柱礎間　十五年大水衝破城舍民居
嘉靖元年春夏大水漂沒民居龍河濵沙洲復起四月泮池雙虹
見自南竟北五日五月大水饑省志　三年春三月雙虹復見於
泮池自西竟東三日　四年秋八月縣城晝火自邑治前起勢四
發西城全燼值巡撫盛及守巡按部在邑拜禱止　五年大旱省
志　七年夏四月靜安寺產瑞芝頃刻數本各異色冬十月知縣

林署釜鳴若雷七日始息　十二年夏四月連旬陰雨谿壑漲溢衝破橋梁廬舍漂沒禾麥人民無算有司發倉賑貸　十三年春正月初八夜儒學東廡平地火光燭天數刻乃滅　十六年春三月芝產龍國臣父墓　十九年春正月至夏五月不雨大饑斗米百錢民食樹皮盡採蕨根爲粉充啖遂病疫饑殍滿野　二十一年夏六月建城坊民園梨花盛開參府志　二十三年旱大饑省志

三十五年夏大水　三十九年春大水

萬曆四年夏五月二十四日大雨水驟漲漂廬拔舍龍河橋全壞雙虹康樂二橋衝倒其半居民淹死無數沿河一帶田禾水推沙塞賦皆民墊　五年秋九月石隕於演武場聲如雷入土尺餘掘

之指甲可破俄遂堅　九年雙虹橋一帶火災民居被燬無數
十年大水　十六年夏六月大水　十七年夏五月不雨大饑
十八年春大饑穀石六錢　二十年大水
舊按府志二十年萬載旱未詳孰是
二十一年大旱疫道殣相枕藉　二十七年春夏先水後旱　三
十七年六月淫雨經旬二十四日大水山蛟四出官署橋梁盡壞
漂沒民居田無算斗米百文荒糧蓋甚　四十年夏四月二十八
日大水屋舍漂流民田剗壞無算驟漲民不及避溺沒以數千計
四十一年大饑　四十二年大饑穀石六錢道路攘奪
天啟元年大旱　二年夏四月大水　三年夏五月大水六月至

秋七月大旱民饑南門火燬廬舍數十户　四年大水　五年大旱禾苗盡枯斗米銀一錢

崇禎元年大旱　二年水荒　五年大旱冬十二月初二日雨黑穀可食有拾至數斗者省志六月　六年夏四月大水六月至秋九月大旱　七年旱大寒日雷震　八年夏四月淫雨連旬驟漲壞公廨城垣陂堰及竹渡平村諸橋水次預備兩倉粟盡靡沿河死者無數秋復旱饑殣相望知縣韋明傑有詩紀災　九年夏四月大旱斗米一錢五月大水冲坑田地成山低窪者剗爲河民居蕩洗淹死甚衆　十年夏五月地震　十一年春正月兩日並出日下黑光磨盪凡二十餘日夏五月大水蛟出平地水深丈餘淹死

人民數十口壞田産無數　十四年秋大水　十五年春地震夏五月大水漂沒人民田禾甚衆穀石八九錢　十六年大水米石一兩五錢　十七年春二月地震

清順治二年夏四月大水白水書堂婁蕪各鄉出蛟山崩地陷漂男婦蕩民居渰禾苗　三年夏五月不雨至冬十月大旱　四年春大水荒六閏月饑殍相枕籍穀石八九兩米斗一兩八九錢竹花結實可採食　八年大旱饑　九年大旱饑　十一年秋有蟲食禾類蠶而大每集數萬禾盡乃死臭不忍聞　十三年夏秋大水　十五年秋蟲食禾府志十五年萬載水　十六年夏旱　十八年夏五月大水

康熙元年夏五月大旱　二年春三月大水秋七月旱　四年夏五月大旱無禾府志　五年夏四月大水　六年夏六月至秋七月大旱　七年春三月水夏六月旱　八年秋蝗集民居樵蘇之九年冬十一月大雪深五六尺月餘始消樹木盡折鳥飛蔽天十年春正月夜天見火光若兩門開狀長三十餘丈闊四五尺十一年夏六月夜有火毬墜福壽坊汪家巷著地圓轉逾時始散氣如硫黄　十二年秋蟲食禾　十三年夏五月白水蛟出湧水數十丈石腦背潭埠三十餘里人畜田廬盡沒　十四年夏四月天鼓大震　十六年春大水夏六月大旱　十七年春大雨連月大饑斗米一錢五分知縣吳自肅詳賑復發銀市市汉米以貸民

稍甦　十九年秋蟲食禾　二十年秋旱疫各鄉白晝虎傷人知縣常維楨以文禱城隍神患始息　二十一年夏五六月間每日午有青氣如鏡與日光摩盪冬十月火災城市鄉村不時發知縣常禱止之　二十二年春三月大水獲富嶺東黃茅石臘背各鄉出蛟渰沒男婦田廬秋七月大旱早禾盡枯遲稻半焦　二十四年歲大有府志　二十五年務前下街火延燒城隍祠秋大雨雹禾穀入泥　三十年青蟲食禾　三十四年蟲食禾　五十年有江豬逆流上至潭埠土人殺之重百餘觔　五十一年夏五月潭埠火市肆居民皆燼秋七月十四日務前下街火飛燄橫江文昌閣暨學宮東廡俱燼　五十六年冬十月知縣龐署內牡丹華　五

十七年春三月大水南浦橋圮　六十年夏大旱
雍正八年夏六月嘉禾生一莖三四穗邑所在多有是年始奉命
設農官以上本舊志
乾隆元年歲告豐府志　九年春三月宜春慈化蛟出水溢萬載
漂沒田廬淹斃人口知縣嚴在昌請賑領銀二百五十餘兩秋九
月雨雹府志　二十三年夏六月水漂沒廬舍橋梁知縣張立中
捐卹府志　三十年春三月大水荒民多搶奪　四十年秋九月
蟲飛蔽天食禾幾盡民用竹銃擊之散　四十三年大旱蟲食禾
四十五年夏五月大水逆流入城漫過烏溪門　四十六年冬大
疫至明年夏方息死者極多十二月朔學前文昌閣火頭門牌樓

俱燬 四十八年春二月二十日儒學後圍樟樹火標東齋上棟 四十九年旱饑 五十一年旱饑穀石錢二千餘 五十四年春正月朔夜文昌閣祥光燭天神像鬚眉畢顯 五十七年夏四月二十七日大水逆流入城

嘉慶元年歲大豐 三年秋大旱無晚禾多種蕎麥幸不成荒 五年秋九月二十七日雪厚三寸餘 六年夏四月大饑龍田黃茅四都等處出觀音土民取作麋秋八月疫 七年夏四月五月大饑米石錢二千餘民春樱子作糧知縣來珩請緩征 九年歲告豐 十一年夏五月瘟疫多夭死秋大旱 十二年春二月黃沙蔽天三日空中有聲對面不相見室中几榻頃刻積寸許拂去

復然秋痢疫流行上鄉死者尤眾　十四年春三月農田分秧大雪耕牛有凍死者　十六年夏痘疫死者相望次年春月方息秋霖傷稼　十九年夏饑　謝啟蘭妻郭氏一產三男　旌　二十年春疫　二十一年春二月大雪凍死耕牛　二十五年春大疫夏痢疫繼起傷人甚眾黃茅附近大風發屋壞門合抱樹皆拔擢石牌坊二自五月不雨至秋八月大旱

道光元年春正月朔大雪連旬不止雷冰垂地秋有年　二年夏五月十一日大水高過烏溪門睥睨遊流入城西鄉大橋一路橋多圮人畜漂流山或崩壞秋有年　三年大有年　四年春三月十三日書堂山口白楊店龍田西江大橋各村大水壞田廬人口

有渰斃者秋有年　五年有年　八年夏旱　九年有年　十年春夏淫雨秋蟲食禾　十一年夏五月初七十三兩次大水頭刻丈餘倒灌入城衝塌房屋無算沿河田盡沙壅鄉村山有崩陷者六月二十九日六區出蛟橋梁民居多蕩沒沖失男婦三十三渰斃七口秋青蟲食禾大饑斗米錢四百有司勸捐糴賑請撫緩緩征　十二年春正月至夏四月淫雨害稼六月七月旱八九月雨綿延至冬繼以雪彌月不止知縣龔士範勸捐運糴　十三年有年　十四年秋旱　十五年夏大旱秋霖雨傷稼斗米錢三百八月彗見西北十餘日滅　十六年夏旱　十七年有年　十八年春三月初七日大風邑西高村小源一帶雨雹如拳壞民居牛羊死

傷甚眾　十九年夏六月初五日太白晝見　二十二年有年
二十三年有年　城隍廟戲臺鴟吻吐火節孝祠產瑞草　二十
四年夏五月大水城內及株樹潭倒塌民居店房無數　二十六
年夏自閏五月不雨至秋七月善戶運米平糶饑而不害　二十
七年春旱夏自五月不雨至秋九月知縣劉恒泰勸商運糶邑以
無饑　二十八年夏五月初七日大水平地丈餘較十一年高三
尺沖塌民廬市廛無數秋蟲食禾
咸豐三年夏久雨旱禾生秧六月虎見平原文武官祭禱城隍遂
潛遁　五年夏秋久雨傷稼冬十月初七日雨雹大風拔木二十
七日日旁三虹環繞　六年蝗　七年秋七月飛蝗入境祭禱撲

捕啖稻無恙　八年春搜挖蝗子各處收買無數遺孽乃盡　十
年春二月雨黑水著地如淡墨　十一年秋七月彗星丈餘見於
西方竟月始息冬十二月大雪
同治元年春正月大雪滴水成冰木多凍死三月二十六日雨雹
大如拳瓦碎木折十月二十七日日方中繞日有虹霓四如張弓
外向狀見者詫異有老儒索書觀之係白虹貫日主敵人內叛新
幅　二年有年　五年有年　六年夏五月大水三區一帶冲塌
房屋無數斗米錢四百餘文城內開倉平糶　八年大水株潭六
區一帶冲塌田廬無數斗米錢四百餘文開倉平糶商民運米入
境　九年饑斗米錢四百餘文開倉平糶商民運米入境　十年

有年

光緒二年夏五月大水距龍岡書院不里許有村曰梟塘俗呼梟鴨塘舊名古石塘有小山類梟浮水面中爲龍姓墳塘以上爲田爲屋而環以山似别一境界光緒十五年六月中旬正午當空忽現瑞光初如星漸如日愈顯愈大愈高至數十百丈如東方日出自西望之以爲山上出來急足繞塘而過直至山上了無所見或以爲開地華如是者蓋七日而時刻不爽不知是何祥也 二十一年夏秋大旱極貧之戶至掘觀音土和少米粉爲餅餌以充饑入而難出幾困 三十四年夏秋大旱

民國二年五月初八日高村盧家洲一帶大水電光所觸山如剁

皮大木倒插陵谷變遷　三年三月大風拔木毀屋人畜多傷四年十一月有四日並出竹渡左近人多見之謂在日將落時或以爲返照炫目云　五年五月大水雙虹橋幾傾兩頭店房盡推倒附城如宋如辛三日不下樓炊煙亦斷　八年地震　十三年地大震民屋搖動有聲　十五年五月大水縣城損失甚鉅　二十三年六月十日以後百日斷雨晚稻全枯明年四五月斗米萬錢　二十四年有年　二十五年十月二十八日雷電交作大雨傾盆蠅蚋嘬腥瞬息色變味臭本年早晚稻豐收　二十六年立秋後淫雨兼旬黃皮尖湯周山蚼崩潰沖壞田廬無數漂沒居民十餘口　二十八九年旱蝗

【乾隆】高安縣志

（清）聶元善纂修

清乾隆十九年（1754）刻本

祥異

漢永建六年秋七月客星出牽牛

晉隆安四年春正月月犯牽牛是年豫章大水害禾稼

太康元年產嘉禾

南北朝大同五年冬彗星出南斗

隋大業中林士弘冦建城應智頊寄使人貨橘于冦冦分食之有毒蜂自橘中飛出螫冦冦多致死

唐武德中應智頊治郡有鳳凰翔集郡後山因以鳳凰名其山

元和七年高邑城中火灾

太和九年廖洪廬父墓有青蛇白獸遶其墓所人謂

孝感所致

中和七年昇元觀生瑞竹自根至三尺處岐爲兩竿

歷四時菁葱不改

南唐保太三年沈麟居父喪廬父墓有慈烏集其上繚

繞飛鳴不去

宋開寶九年大理寺丞易延慶居父喪廬墓墓側産玉

芝十八本紫芝一本又手植二栗樹及長而枝連

理

紹聖中州宅後池中產雙頭蓮蘇文定有詩

嘉定十四年南市大火燬民居半

景祐三年夏久雨水漲漂沒室廬雞犬殆盡

嘉泰三年荷山頂水泉沸湧下流如溪

景定元年北兵擾亂焚郡治及民居殆盡

延祐二年夏久雨錦江泛溢民居陸沉惟州學西澗
　書院利貺廟三處不沒

元大治元年大水

七年蝗飢

八年江流陡漲傷稼

至正六年夏西澗書院産芝瑞草是年冬市南火燔
民居數百家

十一年夏大水龍出各山崩潰漂流人畜及民廬官
舍是年紅巾賊起

十二年三月紅巾況普天燔郡城火三日

十四年天完將李普成王普敬據華林山爲寇

二十年春雨雪六十日

二十一年地震屋鳴　冬火延燒石橋上架木

明洪武元年夏六月地震

三十年冬十二月有虎從北山來入城隍廟

三十二年春二月雨大雹碎屋瓦　冬十一月雨雪

凝凍樹木摧折鳥獸凍死盜賊充斥

正統十一年盜嚴雅則起至十二年始平

景泰六年大旱斗米一錢採食樹皮草根殆盡

天順二年夏四月山崩蛟出大水月餘漂流人畜是

年大荒

五年冬雷鳴郷市大疫

成化十八年雹大如拳屋瓦皆碎大水

弘治八年夏旱楓樹結李實桃李冬花是年有白魚

三躍登浮橋上

十七年進士陳祥家産芝十餘本

正德三年春民饑桃竹生子春之可以炊食是年大

旱

四年調露郷天雨黑穀可啖

五年劇盜陳福一等據華林山為寇

六年三月二十五日天際有紅白大暈圈連環四五覆境内五月十二日華林盜夜刼府庫藏獄囚六月二十一日盜復攻府燔燒公署民居執通判姜滎妾竇氏死之

七年秋八月華林盜平

八年夏秋旱　十二月寒甚錦江氷合可勝重載

九年春胡嵩家産芝二本秋八月朔日食既昏黒移時雞宿星見是歲桃李冬花至有成實者

萬歷巳亥三月甘露降于陳汝錡之園錡遂以名其書

天啟元年三月靈泉寺井躍出一物如斗青綠色跳滚如飛旋復入井其井鳴數日是年四月雨墨着衣皆黑

三年六月夜景星入太陰

六年四鄉多虎每出十數能上舟登樓開門破壁傷人甚衆

本年二月華林山有鳥非鴈非鷺群飛蔽天鳴則震地網捕之則遶室喧噪數日乃去

七年八月十七夜月華開合數次是年府署内有枯

蘭開花枯桂結子鸚鵡自敎之異

崇禎三年城南狀元坊右盛家園内產穿草靈芝一

本大如盤後其地為潔菴復產芝三本

五年城北府下民居火救熄越日又火救熄越日再

火凡四五次幾及衙門

九年丙子饑穀價每石登六錢

十年十二月流寇張獻忠犯袁州境本府北城迎恩

拱辰鍾秀三門僅築惟空阜城一門

十四年辛巳正月雪樹介萬木折半裂聲震地是年

夏大水通衢深數尺鄉城多疫

十六年奉新千洲李栗十聚衆立寨調各屬營兵會勦瑞營守備汪文鎮死于陣士卒死者六十餘人

十六年八月平賊將軍左良玉發所部兵由奉新至袁州堵勦大肆殺掠班師益甚冬十一月大隊復援袁州駐瑞十餘日四鄉焚戮甚衆婦女多死節者先是部長欲縱兵入城衆議斂貲犒賞文學徐昌祚同司獄施以策諸軍前調停兩城賴以安堵

十七年南城觀音寺東寮雨香園白蓮踰期不花越

六月始放原種最碩茂每五月盛開是年三月十九闖賊陷都城高安以五月下浣方得報時白蓮將開復闕或疑其萎越六月二十日煥然灼放群駭之會邑孝廉劉九疑以國變薙髮在寺目擊其異喟然曰蓮之開而闕闕而復開也有故盍為大行持二十七日之喪也因扁其寺曰國蓮作詩記之屬和者二十餘人有刻

國朝順治二年乙酉冬下園劉氏哨衆攻城官兵敗之

本年十二月新昌聚衆攻城省發湯楚二副將將兵五千來禦即以新昌戴國士監其軍時戴為江右布政接戰于呉城頃刻逐北

三年丙戌春二月新昌再集攻城城西放火署知府

于日望同知崔琳通判文鳳翔推官康永綱分門堵守告急于省金聲桓發侯唐二叅將來援墳刻逐北同月真空和尚聚衆駐雞籠嶺署縣羅向辰率兵敗之

本年大旱夏秋絕雨大無禾次年丁亥三月大潦二麥盡淹米價每石四兩五月增至十兩瘟瘦薦作殍者山積有百十烟虛無人者劉慟子有同患詩百餘首

四年冬城北縣下舖合市民居火

本年冬肉價每斤一錢六分雞值過之

五年二月江省閫帥金聲桓叅將王得仁叛各郡縣設偽官明年大將軍固山額真譚委朱邦政守郡安輯之

本年竹箹　冬鹽價騰踊每包一兩八錢民多淡食

七年縣下鋪民居火次年又火

八年捕廳張公仁聲率瑞營守備劉成功哨官陳功勦秋陂坑等處殄賊數十人獲渠魁周池周老雷旭雷馗等餘黨逃散

九年府譙樓鐘鳴　南鄉多虎因田疇荒蕪黄茅白葦陵谷不分虎多盤踞其中白晝啖人行路難以數計至今患之

十一年正月暴風疾雷雹大如斗拔去宣政鄉蔡溪胡氏祠堂一所移置半里外

本年十一月錦水街合市民居火十二月府下民居火

十二年六月宣政鄉蛟出淹死居民

十四年四月城北府下民居復火

康熙元年壬寅七夕之夜荷山顛上有石五塊巉巖臃腫自西南飛來駐菴前菜畦中

本年雨雹大如拳下赤岍約十里許打死烏鵲無數而他不及謂之羽及

五年四月二十二夜有賊二十餘人自舟登岸近拱辰門處布梯踰城屠宿城傳籌烟夫六人從縣治後劫署知縣韓王衡以援兵未至受傷越數日殞庫獄未犯疏聞于 上同知蔣公亂修遣捕四緝次年獲盜魏仲卿李侘二等二十餘人解院伏誅

六年城南元妙觀産芝六本在文昌宫後明年推官

張鳳翻新葺其宫

七年知縣張文旦署内千葉榴結實次年再實自紀

有詩邦人和之

八年六月趙家巷雌雞變雄

本年十月觀音寺火銅佛像燬半

九年冬十二月奇寒積雪連綿直達正月三尺不解

林木未見折獨大小樟樹枝枯葉脱一望皆禿入

春不發至四月始萌芽惟仁孝鄉碧雲峰頂上繞

殿數十株不壞菁葱如故
康熙十年夏秋大旱
本年春三月雨雹
十一年春大饑
十七年秋旱
五十三年甲午春大水夏秋亢旱傷損禾麥無算冬
奇寒氷凍盈尺樹木鳥獸壓死者多
雍正六年秋旱
十一年五月大水

乾隆八年四五月大飢斗米三錢隣邑豐城地方有白土貧者往取為餅食之不可過飽飽則病人

本年彗星見於西北方

十七年春飢疫並行死者無算

本年埠頭楊氏井鳴泉涸恍如車聲本境庠生楊應舉作文禱之其鳴立止泉出如故

【同治】高安縣志

（清）孫家鐸修　（清）熊松之纂

清同治十年（1871）刻本

高安縣志卷之二十八

雜志　祥異　仙釋　方技　拾遺

易雜著卦禮雜名記理論其常數傳其異災祲禎祥感孚微秘渺渺仙踪落落神技比附參差不類而類摭拾遺文用殿斯志　志雜記

漢永建六年秋七月客星芒氣出牽牛

晉太康元年產嘉禾　隆安四年正月乙亥月犯牽牛是年大水害禾稼

梁大同五年冬彗星出南斗

隋大業中林士宏冦建城應智頊密使人貨橘子冦分食之有毒蜂自橘中飛出螫冦多致死

唐武德中應智頊治郡有鳳凰翔集郡山因以鳳名山

麟德二十七年春大水 通志增入

元和七年城中火焚官舍居民甚多

太和九年廖洪廬父墓有青蛇白獸遶墓側人稱孝感

中和七年昇元觀生瑞竹自根至三尺處岐爲兩竿

南唐保大三年筠州州治火 通志增入 沈麟廬父墓有慈烏集墓上

宋開寶八年大理寺丞易延慶居父喪廬墓側産玉芝十八莖又紫芝之一本又墓前手植二栗長成連理

大中祥符四年秋七月江漲没民田 通志增入

景祐三年夏大雨水漲漂没室廬雞犬殆盡

紹聖間州宅後池中產雙頭蓮蘇文定有詩

大觀二年秋八月木生連理　甘露降時郡守曹坦通志增入

紹興四年大水害稼自夏及秋從通志增入

乾道七年首種不入冬不雨饑人食草實八年大旱

淳熙九年無訟堂產瑞芝太守趙謐入奏改今名十四年

五月大旱

嘉泰三年荷山頂上水泉沸涌下流如溪

嘉定十四年南市火燬民居大半

景定元年北兵擾亂焚郡治及民居殆盡　五年三月市

南火焚民居三百餘家

咸熙七年六月賑饑民豫章書增入

元大德元年大水　七年蝗饑　八年江流陡漲傷稼

延祐二年夏久雨錦江泛溢民居陸沉惟州學西澗書院

利覢廟三處不没

泰定二年春正月饑三年冬十二月大水壞民田五千五

百頃廬舍八百九十所溺者百五十人

元統二年春二月大水

至元二年旱饑三年大饑從通志增入

至正五年饑八年五月大水　六年夏西澗書院産靈芝

瑞草是年冬市南火燔民居數百家　十一年夏大水

龍出各山崩潰漂流人畜及民廬官舍是年紅巾賊起

十三年夏大旱　二十年春雨雪六十日　二十一

年秋地震屋鳴冬火延燒石橋上架木

明洪武元年夏六月地震　十三年夏五月大水　二十二年旱　二十四年大有年　三十年冬十一月虎從北山來入城隍廟　三十一年春二月雨大雹碎屋瓦冬十一月雨雪凝凍樹木摧折鳥獸凍死盜賊充斥

永樂十年春大水傷苗從郡志增入

宣德九年旱大饑從郡志增入

景泰三年冬至次年春凝雪六十餘日從郡志增入　六年大旱米價昂貴採食樹皮草根殆盡

天順二年夏四月山崩蛟出大水月餘漂流人畜大荒　五年冬雷鳴鄉市大疫

成化八年大雨雹其大如拳屋瓦皆碎　十年夏府學文廟後圃產西瓜一莖七實是年登秋榜者七人　二十年春雹大如拳屋瓦皆碎大水　十九年夏瑞茄產于舉人朱繼祖家塾旁二本高尺餘合爲一結紅紫蓏片大如拳類雞冠花從郡志增入

宏治八年夏旱楓樹結李實桃李冬花是歲有白魚三躍登浮橋上　十七年進士陳祥家產芝之十餘本從郡志增入　冬城中火

正德元年夏旱秋七月大水山崩漂沒廬舍禾未刈者立而生秧從郡志　三年春民饑秋七月竹生花結實舂之可以炊食是年大旱　四年春調露等鄉雨黑穀可啖

久之穀生芽繼又雨黑雨是秋地震從郡志增入　五年城
中火　六年三月二十五日天際有紅白大暈圈連環
四五覆境　七年秋八月華林盜平　八年夏秋旱十
二月錦江冰合可勝重載　九年春胡嵩家產芝二本
秋七月大水八月朔日食既昏黑移時雞宿星見是歲
桃李冬花有成實者
嘉靖四年縣學泮沼產並頭蓮　五年大旱　六年大水
十二年四月大水　十三年閏二月地震　十九年
正月至五月恒暘不雨民大饑　二十二年火災　二
十三年大旱饑　二十九年春雨雹傷稼　三十五年
夏大水民饑　三十九年春雨雹傷稼以上從郡志增入

隆慶五年冬十月夜半天鼓鳴

萬歷十年久雨水荒陳邦瞻苦雨詩曰悲哉此澤國人命寄陽侯瓌堵尙不保矧復問原疇　己亥三月甘露降于陳汝錡之園　十四年春二月大雷雨三黄嶺迸裂　十七年荷山見白鹿又有黑虎獲之破網而去五月不雨大饑秋七月大疫　二十年大水　二十一年旱民饑敖文貞田家謡曰一年水潦一年乾猶記前年稻米殘斗種百錢無處買何須風雨更添寒　二十七年春夏水旱相仍秋稼經旬不雨歲歉虎入南城半月逐之不見其踪　三十九年荷山後塘水連奔登山　四十年六月城中雨雹有重斤許者内有一成麒麟像　四

十一年民饑從通志增入

天啟元年春三月靈泉寺井躍出一物如斗青緑色跳滚如飛旋復入井其井鳴數日是年四月雨墨着衣皆黑　三年六月夜景星入太陰　六年四鄉多虎每出以十數能上舟登樓閣開門破壁傷人甚衆是歳二月華林山有鳥非雁非鷺羣飛蔽天鳴則震地網捕之則遶室喧噪數日乃去　七年八月十七夜月華開合數次是年府署内有枯蘭開花枯桂結子鸚鵡自鎩之異

崇禎三年城南狀元坊右盛家園内產靈芝一本大如盤　五年城北府下民居火救熄越日又火救熄越日再火凡四五次幾及衙門　九年丙子大饑　十四年春

正月大雨雪凝氷樹木凍折四山震響夏大水逼街深數尺鄉城多疫　十七年南城觀音寺東寮雨香園白蓮踰期不花越六月始放

國朝

順治三年丙戌大旱夏秋絶雨大無禾次年丁亥三月大潦二麥盡淹米價每石四兩五月增至十兩瘟疫兼作有百十烟虚無人者劉九歳有同患詩百餘首　四年冬城北縣下舖合市民居火是年冬肉價每斤一錢六分雞値過之　五年竹笋冬鹽價騰踊每包一兩八錢民多淡食　七年縣下舖民居火次年又火　九年府譙樓鐘自鳴南鄉多虎因田疇荒蕪黄茅白葦陵谷不

分虎多盤踞其中白晝啖人于路　十一年春正月暴風疾雷雹大如斗拔去宣政鄉蔡溪胡氏祠堂一所移置半里外冬十一月錦水街合市民居火臘月府下民居火　十二年六月宣政鄉蛟出淹死居民　十四年四月府下民居復火

康熙元年壬寅七夕荷山嶺正有石五塊巉巖臃腫自西南飛來駐菴前茶畦中本年雨雹大如拳下赤岸約十里許打死鳥鵲無數而他不及謂之羽及　六年元妙觀產芝六本在文昌宮後明年推官張鳳翥新葺其宮　七年知縣張文旦署內千葉榴結實次年再實自紀有詩邦人和之　八年夏六月趙家巷雌雞變雄冬十

月觀音寺火銅佛像燬半　九年冬十二月奇寒積雪
連綿直達正月三尺不解林木未見折獨大小樟樹枝
枯葉脫一望皆禿入春不發至四月始萌芽惟仁孝鄉
碧雲峰頂上繞殿數十株青葱如故　十年夏秋大旱
十一年壬子春大饑　十七年秋旱　五十三年甲
午春大水夏秋亢旱傷損禾麥冬奇寒冰凍盈尺壓死
樹木鳥獸甚多
雍正六年秋旱　十一年五月大水
乾隆八年四五月大饑斗米銀三錢隣邑豐城有白土貧
者往取爲餅可充饑不可過飽飽則病人秋彗星見西
北方　十七年春饑疫並作死者無算夏埠頭楊氏井

鳴泉涸恍如車聲庠生楊應舉作文禱之其鳴立止泉
出如故 以上俱本舊志 五十一年三月六日大雨雪水
凍竹木摧折 五十二年知府都公世熹去鐘鐘重數
千鈞埋土已尺餘有癲者忽入鐘內數日以石擊鐘人
始覺掘土出之 五十八年七月初一淫雨一日夜水
暴發壞屋廬淹居民
嘉慶元年正月雨雪凝冰殺菜麥樟樹盡折 二年夏六
月米峯廟前徐慶魁家塾産靈芝之三本成傘蓋狀色上
紅下黃備極精好初生時瑞氣薰蒸左右土色如硃砂
委地掃輙復形出土後漸長漸高厚數層匀圓可愛一
時同人讌集賦詩誌慶稱盛事焉 五年元宵前數日

暘亢如夏旋北風起雪深尺餘氷堅可履　七年五月初二日雨至七月不雨大旱傷禾稼巡撫張題請緩征作四年帶運　十二年夏旱　十三年五月十五連日雨大水暴作衝靖安門城垣壞廬舍井竈兩城幾如澤國先是康熙甲午大水南城太尉廟有碑尚留水痕是年尤高五寸　二十六日大水復作鄉里較城高三尺　十四年五月有龍戲於府城隍廟前河水直立丈餘循北城而下屋瓦盡飛傾青宮太保坊　十五年夏天晴日朗有烈風驟至吹錦水奇觀樓於河中　二十一年五月大水調露鄉附山等處田路多爲潭　二十五年府署産瑞芝知府韓公桐有詩　夏五月旱至八月

雨旱稻盡傷廣種蕎麥蘿菖收踰常數歲無饑是年鄰
邑皆緩征高安賴此如常額
道光元年秋旱　二年碧落山春洞有氣如虹上衝半空
三年八月仁濟坊火店房民居百餘斗野奎光坊燬
宮詹第亦災　十一年辛卯夏大水　十五年旱　二
十三年冬大雨雪樹介　二十六年丙午大旱
咸豐二年夏大水　三年癸丑七月粵匪竄擾郡城連旬
雨旱稻生芽　五年乙卯櫟樹下況氏民家地出血掘
之則於石上湧出　是年十一月粵匪復至時大霧連
日對面不見人　七年丁巳七月官軍克城賊逸出大
霧昏濛　是年蝗出蔽日多傷晚稻鄰境皆然至冬月

捕盡明年春各鄉掘蝻子送進城官給賞多至千餘石種遂絕　八年夏大水　十年冬大雪數尺樹多凍折　十一年辛酉西鄉多豺虎白晝啖人四月賊至虎不見七月賊去復出爲害

同治元年元旦大雪數尺冰上可行人樹木多凍折　三年甲子穀米騰貴　四年乙丑三月大雨雹烈風城鄉吹倒房屋壓斃人口無數甚有路上行人忽然吹至數十武外者　夏六月有火光如毬自西南流墜東北角有聲硡然　六年夏大水天雨豆人有食之者　八年四月大水上游出蛟冈行於市瀕河民房多冲倒

【同治】重修上高縣志

(清)馮蘭森修　(清)陳卿雲等纂

清同治九年(1870)刻本

祥異志

洪範庶徵休咎以類漢儒因之五行五事出入天官附會經義棄常妖興修德祥至匪降自天召之民氣有道之世不後符瑞偏災流行弗害有備聊存梗概庶幾論世作祥異志

祥瑞

晉

大元十五年白鹿見望蔡大守柏景獲以獻

齊

永明五年望蔡獲白麞

唐

麟德六年望蔡有白麞入人家馴擾不驚獲以獻

宋

開寶元年易延慶廬父墓側產玉芝十八莖內植二栗長為
連理

嘉定初墩口橋東盧氏店前有楓樟槐三木共本而生異幹
而榮蔭路旁行人休憩號曰義木縣尉盧汝楫詩有媿死
人間不義人之句

咸淳二年白鹿見望蔡獲以獻

元

至正二十二年大有

明

成化二年黄敏堅園中生瑞竹一本兩枝

宏治十四年縣廳事產瑞芝三莖知縣童旭覆以亭

嘉靖元年況文錦家生瑞芝三本 以上舊志

羅之達下京陂車田人年登百有八歲

毛廷明景行圖人年登百歲

國朝

黃華視河西灣溪人年登百歲乾隆四十八年題請

旌表建坊

晏百祿義城下甘堆人年登百歲乾隆四十九年題請

旌表建坊

李時彥上京陂東溪人五世同堂乾隆四十九年題請

旌表建坊

黃輿常蒙安上儒里人五世同堂乾隆四十九年題請

旌表建坊

黃鳳祥河西灣溪人年登百歲乾隆五十六年題請

旌表建坊

李翰秀河南人邑庠生五世同堂乾隆五十六年題請

旌表建坊

黃　富河西灣溪人年登百歲嘉慶元年題請

旌表建坊

羅克歡崇本洋田人年踰九十五世同堂

黃明道百歲團人五世同堂嘉慶二年題請

旌表建坊

羅興映妻巢氏崇本洋田人五世隨堂

朱緝熙廣樂田隴人五世同堂

熊維慶東園人太學生五世同堂道光元年題請

旌表

監生羅逢春繼妻彭氏崇本洋田人年九十五世同堂

喻兆榮寧泰官橋人五世同堂道光元年題請

旌表

李長庚上京陂東溪人年登百歲道光二年呈請

旌奬

朱　瀚廣樂人郡增生五世同堂以上林志

羅經元字履常號梅亭太學生年登百歲知縣孫長慶匾旌

期頤衍慶

李育十上京陂東溪人年登百歲

熊艮寶妻任氏年百有三歲

丁廷璨河南岸人太學生鄉飲介賓五世同堂

李家萃上京陂東溪人年登百歲

李國長上京陂東溪人年登百歲

陳新雨廣安高車上人登仕郎五世同堂

熊耀祖蒙安上嶺塘人太學生五世同堂

冷近光景行新峯人附貢生五世同堂

羅輝邦妾李氏崇本洋田人五世隨堂

黃明壽妻況氏後塘田心人五世隨堂

黃家修後塘田心人太學生五世同堂

黃鑪興妻盧氏河北園人五世隨堂

陳垂勳河北園江南人登仕郎年九十七歲五世同堂

黃明欣後塘田心人五世同堂

黃明謨妻江氏後塘田心人五世隨堂

災異

元

至正二十年春雨雪六十日夏六月地震

二十一年大旱

二十四年夏秋大旱

明

景泰三年冬迄四年春雪凝六十日

六年大旱斗米千錢民食樹皮草子

天順四年夏四月蛟出山崩大水漂沒人畜

成化十五年大飢多盜

正德元年夏大旱秋七月大水山崩漂沒廬舍稻未穫者生芽

九年虎入市傷人知縣王以旂禱於城隍虎遁去

十五年大水

嘉靖元年春夏大水漂沒民居無算

十四年四月熊入市居民獲之六月野猪入市

十六年夏大水數丈居民漂沒秋旱

十七年飛蝗蔽天樹葉皆盡

二十三年旱

二十四年大饑斗米千錢民嘯聚攘食餓殍塞路

二十五年三月雨雹大如鵞卵堅過瓦石麥穗青秧悉碎人

畜過之亦傷

二十九年大雪大冰

崇禎癸未正月冱寒結氷壓房屋樹木無算

國朝

順治二年乙酉六月龍出水橫流平地丈餘漂沒房屋人畜

濱河田土衝廢無算

十三年丙申冬三虎入城擒獲其二

十五年戊戌夏五月五虎入城全獲

康熙元年壬寅旱荒知縣王伯重繪流民圖詳請

題蠲正賦

按舊劉田賦志謂順治十八年旱荒知縣繪流民圖以

請錢糧徵七免三與此不合攷通志南昌及各府旱係

元年壬寅事則此爲得實

九年庚戌三月大風雨雹如卵拔樹傷苗復旱成災十二月

雪六十日深五六尺壓毀房屋無算大吏

題蠲正賦發帑賑卹

十二年癸丑三月初七雨雹重六七觔大風拔樹毀民居禾盡隕並傷男女無算

雍正六年戊申大旱早晚稻薄收署縣事高安令劉承甫詳請

題蠲糧銀三千二百兩有奇賑穀二千四百石

七年己酉春大饑奉大吏發米四千石減價發糶

十二年甲寅夏大雹

乾隆二十一年丙子冬十月十六日酉時地震

二十九年甲申春淫雨夏六月二十日地震

嘉慶十三年戊辰五月大雨經旬山水暴至錦江浸入城内

民幾爲魚知縣劉丙解冠履投之水始退

二十五年大旱漕糧緩征

道光十一年辛卯夏五月大水

十五年乙未夏旱蝗

二十一年辛丑冬十一月木冰

二十六年丙午夏旱

咸豐八年戊午春三月蝗五月大水

九年己未狼食人

同治元年壬戌春正月木冰

八年己巳夏四月大雨水暴漲

【同治】新昌縣志

（清）朱慶萼等纂修

清同治十一年（1872）活字本

紀異

元

至元四年春地震五年十一月雨水泳明年二月始解二十三年春蛟出水災趙文初陷州

明

洪武十三年夏五月大水太和橋圯

天順二年夏四月蛟出山崩大水月餘漂流人畜歲大荒

正德九年八月初一日日蝕既昏黑移時箕宿現是

歲桃李冬花成實

嘉靖六年二月宕溪蛟出大水決潑田宅數十頃人多淹没

天啟二年正月五虎入城東北隅俱獲之

崇禎四年七月十五夜地震有聲

七年地震有聲窻櫺門壁俱動

九年正月初三夜惠政橋燬　五月隆道觀洪鐘墜

崇禎十一年午日大水廬舍漂没甚多

十四年正月大雪樹介二月方解

十五年旱災五月不雨至冬十月盜賊蜂起所在刼掠爲患

國朝

順治二年夏久雨羣蛟湧出平地水深數尺民畜漂蕩三十九都四十都合宅沈溺者不計其處所過山崩地陷石積沙壅高下皆水

三年三月不雨至秋七月赤地如焚

四年夏大饑米一斗價一两六錢

十年四月雹大如拳大風拔普庵橋民房傷男婦八

人又塘口馮老人被風吹揚六七里合境稻苗林木俱壞

十三年三月初八風雪如冬

十四年四月泰和鄉有虎自茜蕪湴港老鴉石沿河而上至藤橋登舟過江破門入室捷若風雨一日連傷數十人至暮奔棲磚瓦窰觸倒磚瓦有聲逐驚竄入窄巷衆乃乘屋以鳥鎗強弩斃之脊有紅鬣不類他虎食其肉者多死

十六年旱災傷稼冬夜天裂有聲紅光灼野如晝

十八年夏霪雨連月

康熙元年夏秋旱無年

三年冬慧星見　十一月二十八夜大雷雹風雨亥日又雷

四年二月慧星復見　夏五月徂秋赤旱異常西成失望　十月初十夜雷雨

九年十二月雪深四五尺樹介牛畜凍死房屋壓倒者不可勝數

十年六月日中飛雪

十二年有鳥青色形小而聲慘裂集故里橋高樹之杪日夕鳴號如哎喲離三字居民惡之中以鳥鎗不及亦不驚鳴如故甲寅亂後鳥屏迹禽鳥得氣之先信哉

二十二年三月八鄉多虎環城四五里及西鄉尤甚共傷男婦七八人山僻之田愈荒　九月桃有花

雍正十二年五月虎啣人至城外蔡氏門首是年始設把總及兵防守

乾隆三十一年五月二十二日青龍山觀音閣災火

自三層樓迺寺宇盡焚遺址改建
上諭亭
三十二年五月二十一日蛟水沖潑田禾逼城平政
橋幾塌民居多沖壞者
三十四年有鵶鳥連日集鳴縣署知縣門錡爲文驅
之卽去後不復棲夏秋間兩月不雨又爲文禱于城
隍祠次日大雨人皆以爲侯之誠無不格云
三十八年有蝗叢集各山驅捕不散遍食竹葉竹幹
隨枯數年方滅幸不害稼

四十年秋八月至十月有異虫形似蟣蠓侵食田禾青黄受害是年晚稻二稻欠收

五十八年夏六月晦夜驟雨西北两鄉近水民居田畝多被衝塌淹斃男女數百口知縣徐焱捐廉卹殮

附載江西巡撫何裕城頒行伐蛟說

奏爲遵

旨飭屬奉行恭摺覆

奏事乾隆五十一年十二月十六日承准大學士公阿桂大學士和坤字寄內開乾隆五十一年十二月十

四奉

上諭據張若渟奏請申伐蛟之令以除民患並請於江浙地方種甘薯以濟民食等語江廣一帶每于大雨時行間有起蛟之事深爲民害自應搜尋挖除防患未萌至甘薯一項廣爲栽種可濟民食上年已令豫省一栽植頗著成效此亦備荒之一法着傳諭各該督撫將張若渟所奏二事酌量辦理於地方興利除害亦屬有益將此遇便各諭令知之張若渟原摺並着抄寄閱看欽此遵

旨寄信到臣臣跪誦之下仰見
皇上念切民生無微不至覆査春秋大雨時行深山窮谷間有起蛟之事是以江西士民咸崇信晋臣旌陽令許遜因其修真悟道術能致雨兼能伏蛟曾著靈異在在俱有祠宇而南昌府乃其故居尤廟貌爲皇臣等亦循舊于歲時率屬瞻禮雖相傳伏蛟之說稍涉渺茫而廟之附近地方向無此患似亦理之或有可信者至伐蛟之法詢之老民亦能知曉玆臣遵
旨飭屬督令保長鄉約人等隨時留心於深山草木不生

霜雪不積之地預爲挖除以爲防患未萌之計再查
甘薯一項或藤或果皆可作種且春種夏收夏種秋
收實屬易種易生堪爲稻粱之佐江右界連閩粤土
燥泥淤之處間有種植甘薯者但不甚廣徧現已通
飭各屬諳切勸諭視其土之所宜廣爲種植以盡地
力冀於民食有裨仍毋許胥役抑勒滋擾以仰副
聖主軫念蒸黎隨宜愛養之至意臣謹繕摺覆
奏伏乞
皇上睿鑒謹

奏

伐蛟說

嘗考月令載伐蛟之文古人多斬蛟之事蓋蛟之爲害于民實甚多方剪滅凡以爲民也江南地方如徽寗六霍等處蛟水爲患人畜田舍隨波蕩然殊可憫惻訪之故老考之傳聞識產蛟之處得伐蛟之法蛟以卵生數十年而起生蛟之地冬雪不存夏草不長鳥雀不集其土色赤其氣朝黃而暮黑星夜上沖于霄其卵入地自能動轉漸吮地泉其形即成聞雷聲

漸起而上其地之色與氣亦漸明而顯蛟未起二三月前遠聞似秋蟾悶在人手中而鳴又如醉人聲此時能動不能飛可以掘而得及漸起離地面三尺餘聲響漸大不過數日候雷雨而出多在夏末秋初之間穿山破岸水激潮湧爲害不可勝言矣善識者於春夏間觀地之色與氣及未起二三月前掘三五尺餘其卵即得大如甕其圍至三尺餘先以不潔之物鎮之多備利刃剖之其害遂絕或於雪後見其地圍圓不存雪不生草木再視其土之色與氣掘得其卵

煮而食味甚美此土人經驗之言也又有說用鐵與犬血及婦人不潔之衣埋其地以鎮之葢蛟非龍引不起非雷震不行鐵與穢物所以制之也又有說蛟畏金鼓夜畏火光夏月田間作金鼓聲以督農則蛟不起即或起而作波但見火光聞金鼓聲其水勢必斂退又云蛟畏荊樹葢荊汁能治蛟毒也又聞深山老人云夏秋連日夜雨則竪高竿掛一燈籠可避蛟也諸說頗近理故錄以示人庶幾彌患於未然論爲政之大體自當以修德行仁爲挽氣化彌災眚之本

此外何足道哉然而爲民父母之心無所不周不得不多方以冀救濟踵古人而行之或有裨於萬一夫受人牛羊立視而不救非牧也況受一方之百姓而職任撫循明明有彌災之說顧嫌其迂而靳傳淸夜捫心何以自處各府州縣其共體此意善爲措置縱不能全弭其患亦當竭盡乃心況人事旣盡安知天意不可挽回乎如有地方棍徒挾仇欺詐借伐蛟之名而挖人之基宅挖人之墳墓以破人風水來龍則又當從重治罪斷斷不可輕宥各府州縣宜擇地方

之善識者詳加審視如與前䏚合即躬親詣驗料理又嘗刊刻其法廣布四方使家諭而戶曉之也此魏公廷珍於雍正十二年署兩江總督時刊刻遍頒者也法良意美久而失傳乾隆五十一年冬

上允廷臣之請

勅下直省酌量辦理爰取原本重付剞劂遍發各屬流傳奉行如有照刊廣佈者聽乾隆丁未正月初吉撫江使者山陰何裕城識

道光元年夏三十四都上方源山裂一洞中有米數

石色黑炊之味淡汁薄可以療疾

咸豐二年冬水無風震盪

咸豐十年九月飛蝗蔽天在在皆有西鄉尤甚食草根竹葉殆盡

咸豐十一年三月天寶會市南門二塘相距丈許兩水忽涌立旋合旋離鳴聲洶匕若鬬四月粤匪入境五月彗星見西方

同治元年六七八九十都虎傷人逐之不見

五年九月二十六日夜半天如晝金光墜如雨粟

八年四月大水蛟出宣風鄉山崩田陷漂没廬舍甚

多九年冬十月朔雷震

十一年冬十一月 雷震如春

（清）德馨、鮑孝光修　（清）朱孫詒、陳錫麟纂

【同治】臨江府志

清同治十年（1871）刻本

臨江府志卷之十五

雜類志

祥異

〔晉〕

大元十四年新淦陸地生蓮太守范甯表聞藝文類聚

元興三年夏六月白雀見新淦獲以獻宋書志

〔齊〕

永明元年夏五月木連理生安城新喻縣南齊書

〔宋〕

大中祥符三年夏六月江水泛溢害民田

元豐三年臨江軍芝生四十三本

隆興八年大水

乾道八年大旱　九年久旱無麥苗秋螟

淳熙九年秋七月旱　十四年夏五月旱

嘉泰四年春大饑殍死者不可勝瘞令郡縣發常平倉賑部使者益以糴粟

〔元〕

泰定元年夏五月饑

至元三年饑已上俱見豫章書

〔明〕

宣德九年旱

正統十四年水

成化三年旱　九年水　十四年水　二十一年大水淫雨水漲四郊一壑新淦懷山改塞川原

宏治十一年旱

正德元年大旱　二年旱　八年旱　十一年旱　十五年五月大水壞民田廬八月大水歲饑　十六年大水四月疾風暴雨蛟出山裂發屋折木平地水深丈餘蕩塞田畝歲大饑

嘉靖元年大水歲饑　二年旱　五年大旱　六年

水　十一年旱　十二年水　十三年旱　十四年大水平地水高丈餘四郊如壑壞民廬舍淤塞田畝渰死人民甚衆　十五年大旱　十七年旱　十九年大水　二十年夏大旱里多逃移　二十三年五月大旱　二十四年大水無麥苗　三十五年四月大水　三十九年三月雨雹大如卵屋瓦俱碎　四十三年季夏大雨十日諸苗死　四十四年饑秋旱　四隆慶二年大旱是年春多雨入夏不雨禾苗粒米無收民多流移知府馬文學勸借賑濟民賴以蘇萬歷十四年丙戌大水　十六年戊子大饑　十七

年己丑旱民採野蕨充饑 十八年庚寅旱 二十四年丙申大水 二十五年丁酉復大水 三十一年癸卯旱 三十三年乙巳旱 四十二年甲寅大水穀貴民饑

崇正六年旱 十年戊寅大水 十四年辛巳大水 十五年壬午大水 十六年癸未旱 十七年秋雨黃沙望之若霧撲人面目著物皆丹

國朝

順治三年丙戌大旱（時江西尚未甚平定）斗米千餘錢民皆食穅秕棉仁野草 十年癸巳大水 十六年己亥旱

巡撫張朝璘題免稅糧十分之三十八年辛丑大水巡撫張題免稅糧十分之三完者流抵下年

康熙元年壬寅旱湖西道施閏章申詳巡撫張題免糧十分之三完者流抵下年二年癸卯夏旱湖西道施閏章申詳總督張撫院董題免糧十分之三完者流抵下年是年清江瑞筠山產紫芝數十本三年甲辰秋旱知府王撫民湖西道施申詳撫院董題免糧十分之三完者流抵下年四年乙巳夏旱知府王湖西道施申詳撫院具詳六年夏四月大水漂沒田廬溺死人民甚眾八年己酉旱撫院董題免稅糧十分之二完者流抵下年九年庚戌秋旱撫院董題免稅糧十分之二完者流抵下年十年辛亥秋旱撫院董題免稅糧十分之三完者流抵下年十一年壬子春饑巡撫董題免本年錢糧蠲

發倉米賑濟　十八年己未旱巡撫安世鼎勘報賑之　二十八年己巳
秋旱　三十年辛未大水　三十四年乙亥秋旱
四十五年丙戌夏大水　四十六年丁亥秋府屬旱
賑之　五十七年戊戌歲有秋　五十八年己亥秋
大稔　五十九年庚子大有　六十一年壬寅大有
雍正三年乙巳大有　四年丙午大水　九年辛
亥大有　十一年癸卯峽江山水驟漲漂沒廬舍沖
塞田畝
乾隆三十五年庚寅旱　四十八年大水　五十七
年大水

嘉慶七年壬戌旱　十七年壬申大水　二十五年
庚辰旱
道光十三年癸巳五月大水　十四年甲午夏久雨
江水陡漲壞民廬舍米貴民饑　十五年乙未蝗饑
十九年己亥大水　二十一年辛丑冬奇寒大冰
二十四年甲辰大水
咸豐三年癸丑二月雨雹大如拳六月大水　五年
乙卯八月桃李花開　八年戊午八月蝗害稼九月
變爲蝦患乃息　十年庚申三月雨豆　十一年辛
酉秋大旱十二月奇寒冰凍盈尺中洲柑林盡萎

同治元年壬戌大水　五年丙寅大水　七年戊辰

產嘉禾歲大稔　八年己巳大水

【同治】清江縣志

（清）潘懿、胡湛修
（清）朱孫詒等纂

清同治九年（1870）刻本

祥異

康熙二年癸卯夏四月浹旬不雨紫芝數十本叢生瑞
錡山如蓋如雲
五年丙午二月臨江城外有虎白晝噬人分守湖西道
施閏章齋戒爲文告城隍祠次日虎斃患遂息
三十年辛未夏大水土橋隄決壞田廬膏腴萬頃盡成
汙萊
乾隆四十五年庚子秋清江樟樹鎮有青蛙類怪鄉民
爭相禱祀知縣鄧廷輯作檄文驅之蛙去民始帖然
四十八年癸卯大水蕭家畬隄決壞田廬害禾稼
五十七年壬子大水青龍山隄潰壞田廬

嘉慶十七年壬申大水蕭家畬隄潰壞田廬

道光十三年癸巳五月大水土橋蕭家畬二隄潰壞民田廬

十四年甲午夏四月久雨江水陡漲隄多沖塌壞民廬舍是歲大荒米貴民饑

十五年乙未八月蝗饑

十九年己亥五月大水梅家畬隄潰壞田廬

二十一年辛丑十一月奇寒大冰城鄉樹木多凍折

二十四年甲辰五月大水龍潭口隄潰壞田廬

咸豐三年癸丑二月雨雹大如拳碎屋瓦六月大水

五年乙卯八月桃李花開

八年戊午八月蝗害稼九月變爲蝦患乃息

十年庚申三月雨豆

十一年辛酉秋大旱十二月奇寒冰凍盈尺樹木摧折

中洲柑林盡萎

同治元年壬戌五月大水隄多冲塌漂没田廬

五年丙寅二月大水隄多圮壞田廬

七年戊辰產嘉禾歲大稔

八年己巳二月大水漂没田廬六月水始涸

【同治】新喻縣志

（清）文聚奎、祥安修　（清）吴曾逵纂

清同治十二年（1873）刻本

齊

永明元年夏五月木連理生安成新喻縣南齊書

宋

紹興二十三年新喻有巨室篋中時有火光燔衣帛過半而篋不焚豫章書

元

延祐元年八月水以下皆舊志

泰定元年五月大饑

元統三年稼不成

至正十四年大饑

明

正德十六年大水歲大饑四月疾風暴雨蛇出山裂發屋折木平地水湧丈餘淤塞田畝

嘉靖二十年夏大旱民多流移　二十三年五月大旱　三十五年四月大水　三十七年有鶴巢於學宮桂樹　三十九年雨雹大如卵屋瓦俱碎　四十三年季夏初大雨十日諸苗槁　四十四年饑升米百錢秋旱

隆慶二年春多雨夏大旱粒米無收民多流移知府馬文學勸借賑濟民賴以蘇

萬歷十四年大水　十六年大饑　十七年旱民采野蔬充飢　十八年旱　二十四年大水　二十五年復大水　三十一年旱　三十三年旱　四十二年大水穀貴民飢

崇禎六年旱又有四鶴集於文廟樹上萬太史發祥有鶴來歌

萬發祥鶴來歌大成之宮虎瞰濱嶙峋殿閣撐高雯閣署文昌光麒麟五星奠中鼎巘賓蓬蓬華華數百春二耆延譽生甫申睽夷劉蹇儒蒙塵理數窮反應庚新橫江東來千里鶴呼朋者四集殿閣須臾壁觀隘城郭走呼斯物足詫愕素衣疑分江藻翟留宿衣茲信所樂詰朝譙城意態盤薄安步公庭間民瘼飲啄無求不可度如飽去意從西作里老贊歎爭紛紜郎今徵書出五雲異物來空冠鷄羣信知爲祥非爲氣

深山投迹客行過聞來茲異相笑呵明窗墨汁數斗
磨我用是作鶴來歌鶴來歌歌鶴來圖呈鳳至世悠
哉曾有眞儒挺異才種德植業福斯貽不然文章富
貴占名魁剝啄鄉人勢如雷徒用車馬紛喧嘑聲施
磨滅安足才翩翩羽毛得其先絪縕二五豈徒然試
念應祥誰氏賢秋風注目觀江天

十一年大水萬太史發祥有積雨謠　十四年大水

十五年大水　十六年旱　十七年秋雨黃沙望
之若霧撲人面目

國朝

順治三年大旱時江西尚未甚平定斗米千餘錢民皆食糠粃棉
仁野草　十年大水

康熙五年丙午旱　六年丁未夏四月大水漂沒田廬

八年己酉春民病瘟疫秋旱民病痢自春至次年二月止　九年庚戌旱　十年辛亥旱　三十四年乙亥秋旱　四十六年丁亥秋旱

道光元年虎瞰泉左右二井形如虎眼其泉久竭至是右井清泉湧出　二年左井清泉湧出　十五年大旱早稻盡槁米價騰貴民多餓殍

咸豐三年夏始旱禾將槁纔大水雨帀月穀生秧民饑　五年三月彗星見西北長丈餘轉移不定五月與越分野白晝赤虹三條如畫戟狀繞紅日經時始收　七月有散星團結如月由南流入西北光如白晝有

聲八月長星丈餘見東北　十月北鄉之小步水溢

一時魚塘俱動東側則西邊露底西側則東邊見沙

如是數四觀者羣駭時有老儒黎春餘者頗知易謂

地與水爲師此開其有兵至乎明年正月髮逆果至

同治二年夏大水　六年秋旱　七年秋旱　八年夏

大水　九年夏旱

(清)杜林修 (清)彭斗山、熊寶善纂

【同治】安義縣志

清同治十年(1871)活字本

祥異舊志載兵亂數條今改編入武備以符體例

明

景泰二年連理枝生於依仁鄉熊崇昌宅東教諭張湜有記府志陳志

正德十六年辛巳靈芝生文廟東桂次年生員黃餘慶黃寰呂熊茂中鄉榜乙酉周志偉中鄉榜登進士第官至副使府志陳志

嘉靖元年五月至八月大水漂民廬舍舟航入城市九月地震詔免運米省志

十一年四月大蝗省志

二十一年壬寅靈芝產城内周崇堂東棟次年復生於
櫟内午生員周希貴中鄉榜己酉周邦輔復中鄉榜陳
志
二十三年自五月不雨至於七月斗米千錢省志府志
四十二年大饑疫省志府志
隆慶元年八月訛言選宫女一時婚嫁殆盡張志稿
萬歷二年雨藍雨府志
十六十七十八連年大旱疫死者枕籍載道府志
三十八年二月初四夜地震府志
天啟五年城内喻日五宅雨紅雨張志稿

按舊志載天啟九年二月地震四月大雨雹如雞子查天啟在位七年並無九年且查省志府志天啟中亦無地震雨雹事刪之 新增

崇正四年秋七月十八日地震 省志新增

九年大饑米穀騰貴 省志新增

國朝

順治三年丙戌大旱次年丁亥春大水米石銀八兩道殣相望 省志府志陳志

是年靈芝生文廟東廡生員楊正容劉一瑞俱中鄉榜 陳志

八年辛卯靈芝生文廟東廡生員徐碭中鄉榜聯捷進士陳志

康熙元年壬寅旱省志新增

二年癸卯旱陳志

五年丙午彗星見新增

七年戊申六月地震省志新增

十年辛亥大旱自五月不雨至十一月次年壬子春大饑米價湧貴民多餓死巡撫董衛國勘報免三徵七省志府志陳志

十二年癸丑虎白晝走平阪噬人死者無數有𪊊虎者

剖其胎一胞七子知縣陳瑋具羊豕爲文告之其患稍息陳志

十八年己未秋旱巡撫安世鼎勘報蠲賑省志梅山筆記

三十六年丁丑秋旱巡撫馬如龍勘報蠲賦省志梅山筆記

五十九年庚子大有省志新增

六十年辛丑六十一年壬寅連年大有省志新增

雍正三年乙巳大有省志新增

乾隆九年甲子西山虎患多傷人新增

乾隆十一年丙寅五月大水梅山筆記

十二年丁卯大有七月水漂壞塲圃同上

二十一年丙子饑同上

二十四年己卯六月水漂壞場圃同上

二十六年辛巳依仁鄉民熊壁湘妻彭氏一產三男張志稿

五十八年癸丑蛟水陡漲漂沒廬舍塲圃人畜溺者無算以下俱新增

嘉慶元年丙辰大凍

十一年丙寅大旱次年丁卯復旱

二十五年庚辰大旱

道光元年辛巳夏四月丙戌朔日月合璧五星連珠

五年乙酉饑

十年庚寅大饑次年辛卯復饑民掘白土剝樹皮食之道殣相望

十二年壬辰連年大水

十五年乙未飛蝗蔽天傷稼

二十六年丙午大旱

咸豐三年癸丑六月大水雨七日夜不止禾偃生芽冬桃李華樟樹結實如梨是年粵西賊圍省城

六年丙辰正月大雪冱寒夏大旱是年粵西賊入縣城

七年丁巳蝗飛蔽天食稼次年戊午蝗蝻生知縣蔡忠

淇寧民捕之害始戢

十一年辛酉夏彗星見秋八月朔日月合璧五星連珠

同治元年壬戌春正月大雪沍寒河氷合通人行樟樹皆枯秋大疫死者數千人

同治二年癸亥西山蛟出無算山石皆崩

三年甲子文廟靈芝生七年拔貢黃樹棠生員張雲錦陳樹庭中鄉榜

六年丁卯民人周修壽妻彭氏一產三男

七年閏四月十八日雨豆

八年己巳夏有火自西南流西北形如匹練餘光經時

乃沒

九年庚午春正月朔有蛇百餘聚於南門河皆昂其首
水沸有聲

二十七日鵝言時縣治前爆竹店飼小鵝十餘頭飼既
畢中一小鵝躑躅作人聲曰飽欲死飽欲死最後又曰
飽死也得遂死於牆邊

二月豺入縣城自咸豐十一年後邑境屢有豺患近山
尤甚噬人無算有一家一月而連噬二子者至是竟至
城隍祠前噬人而去

【康熙】奉新縣志

（清）黄虞再修　（清）閔鉞等纂

清康熙元年（1662）刻本

祥異

春秋紀災不紀祥謹天戒恤民隱也後世之史災祥並書失其義矣噫災固以警祥亦以勸殆春秋之意而婉將者歟

晉

泰始二年　明月珠出豫章之海昏縣

天監十六年新安郡得一龜四目

唐

麟德二年同安鄉獲白麞一頭以獻會東封泰山放之嶺下遂郜寺觀以銀麞爲名

元和三年旱

元和四年又旱

寶曆元年旱

清泰元年縣治南地陷長數十步廣數丈狹者猶七八寸

宋

景德二年縣民魏勇妻一胎生三男

紹興四年五月壬申大雷雨水漂沒六百三十餘家

乾道三年旱　乾道七年又旱

淳熙五年旱　淳熙七年又旱

淳熙十四年又旱

嘉祐二年旱　咸淳六年旱

慶元二年大水

元

泰定元年縣火

明

成化元年旱減稅米一萬九千八百九十六石七斗六升餘

成化二年旱減稅米與元年同

成化四年旱賑飢民七千八百五十戶一萬三百九十丁借穀四千八百八十三石

成化七年大水漂流房屋人畜甚衆

成化十四年旱減稅糧二萬九千四百四十二石餘

成化十五年旱減稅糧四萬五千三百八十六石縣飢民人戶四萬七千五百丁散給穀一萬七千二百九十二石零米三百九十二石銀三千二百四十九兩五錢

成化十六年旱給散穀九千三百五十八石五斗銀一千三百七十七兩七錢飢受賑民二萬七千三十九丁

成化二十一年大水市民徐鋑家屋柱上產芝[illegible][illegible]
向北色黃初生時有氣薰出狀如[illegible]
煙之裊漸長成六層

弘治元年正月雨木冰五月野牛入於市

弘治三年徐鋑家屋柱復產靈芝如成化二十一年
狀

弘治六年鋑家又產靈芝色紅亦漸長六層爛然可
愛初生亦如成化二十一年狀

弘治七年大水減稅七分

正德元年大旱減稅八分

正德八年大旱減稅糧九分賑飢民共六千九百十
九口

正德十五年大水

嘉靖十二年蝗大至院道臨縣募捕令炒死一石者給米一石

嘉靖十三年虎入種德門橋

嘉靖十五年野牛入南門橋

嘉靖十九年大飢舉人徐㷆上救荒十事都御史王公暐遣官舉行賑飢民萬餘減稅糧

嘉靖二十四年大飢勸富民出粟協賑飢民八千餘口減稅糧

嘉靖二十五年生員余翔家砌石上產靈芝長五層

萬曆五年三月天雨黑穀

萬曆三十六年八月大水上給賑濟銀八百兩

崇禎十四年正月雨木冰

崇禎十五年二月初六日黄霧四塞

國朝

順治三年二月初三夜西北方有彗星如鎗如刀如劍如戟赤色光芒有一星光芒直衝斗口

是年自五月至秋七月不雨草木皆焦

順治四年歲大飢斗粟六錢人多死

順治九年大旱

（清）呂懋先修　（清）帥方蔚纂

【同治】奉新縣志

清同治十一年（1872）刻本

奉新縣志卷十六

雜志 祥異 紀事 摭聞 方外 壠墓 補遺

五行有志標祥瑞之名雜俎成書入瑯環之笈題稱餘載體效編年至於繙魏收之舊史釋老咸登過柳季之高原樵薪曾禁雖資談助無補藝林偶尋未見之書亦獲多聞之益奉新立縣垂二千年軼事遺文頗多可採若乃騷人墨客釋子羽流有先達之遺風經名公之勝賞雕龍坐上傾杯酒以論心下馬陵邊讀碑文而賞涕流風所被亦載筆者所不得遺也夫紀載之文必從其類類無可附斯謂之雜昔韓邦靖作朝邑志終以雜記今倣其例爲雜志分

目五冠以祥異而紀事與掖聞並列方外偕壠墓同收雖緝綴紛紜近於瑣屑而網羅散失儻亦采風者所樂觀已

祥異

漢永平末豫章蝗穀不收民飢死縣數千百人五行志註

吳寶鼎元年丙戌海昏縣出明珠原志

晉大興元年戊寅彩雲覆豫章郡甘露隨雲而降鄭樵通志

梁天監六年丁亥新吳鄉新安獲四目龜二豫章書按潛確類書龍溪水在奉新梁時獲四目龜於此

唐武德六年癸未慶雲見洪州通志

麟德二年乙丑新吳鄉同安得白麞一有司以獻是年詔置寺觀以銀麞名

貞元元年乙丑嘉禾生洪州或五莖四穗或兩莖三穗 安志

元和二年丁亥秋洪州大旱 安志

三年戊子旱 原志

四年己丑旱 同上

十五年庚子秋洪州水 豫章書

長慶三年癸卯秋洪州螟蝗害稼八萬頃 同上

寶歷元年乙巳旱 原志

唐天祐七年庚午夏洪州實石於越王山下昭仙觀前有聲如雷光彩五色濶十丈袁吉江洪四州皆見觀前五色煙霧經月乃散 錄異記　舊志按十國春秋天祐間洪州霣石于藥王山昭仙觀前長七八尺圍三丈餘

節度使劉威命舁入觀中七日內漸縮小數尺許後止七寸時以爲活石與錄異記事同而小異因並錄之 按越王山宋以前皆稱藥王山

清泰元年甲午吳長興五年縣治南地陷長數十步廣數丈狹者七八寸 原志

宋雍熙二年乙酉縣民何靖妻產三男 原志

景德二年乙巳縣民魏勇妻產三男 通志

嘉祐二年丁酉旱 原志

治平元年甲辰洪州水 安志

元豐二年己未秋洪州稻已穫再生皆實 同上

紹興四年甲寅七月隆興水圮民廬 文獻通考

二十七年丁丑洪州大水府志

乾道四年戊子夏六月隆興旱豫章書

七年辛卯隆興首種不入秋饑豫章書 按原書隆興下多有暨各郡三字者今皆省去

八年壬辰隆興府大旱同上

九年癸巳隆興府鼠害稼千萬爲羣甚於螟蝗同上

淳熙五年戊戌旱原志

七年庚子春三月不雨大旱蝗民饑安志

九年壬寅秋七月隆興旱豫章書

十四年丁未夏五月隆興旱同上

十五年戊申隆興府大水奉新尤甚淹沒八百餘家安志

紹熙四年癸丑五月奉新縣大雷雨水漂沒八百二十餘家 五行志　舊志誤入紹興四年今據宋史移載於此

慶元二年丙辰大水舊志

嘉泰四年甲子春隆興大饑豫章書

咸淳六年庚午旱原志

元至元二十七年庚戌秋七月龍興路水豫章書　按至元二十一年始改隆興爲龍興奉新屬龍興

大德元年丁酉夏五月龍興水豫章書

七年癸卯夏五月龍興饑同上　九年乙巳夏六月龍興蝗同上

延祐元年甲寅秋八月龍興路水安志

泰定三年丙寅秋七月龍興奉新火 豫章書

至元元年乙亥春三月龍興路飢 同上

至正八年戊子夏四月奉新大雨雹傷禾折木 同上

十二年壬辰夏四月龍興大疫 豫章書

十三年癸巳夏龍興大旱 豫章書

十四年甲午冬龍興雨水冰 豫章書

明永樂十三年乙未夏南昌府屬大雨江水泛漲壞廬舍沒禾稼 府志

洪熙元年乙巳夏南昌府屬大雨水潦傷稼 同上

宣德八年癸丑夏六月南昌府屬大雨江水溢漂流民居淹

沒田畝同上

九年甲寅奉新縣旱大飢同上

正統五年庚申春夏月南昌府屬淫雨江漲淹沒早禾六月以後亢旱晚禾枯死同上

十二年丁卯南昌府屬水災人民乏食同上

十四年己巳南昌府屬大水同上

景泰七年丙子夏四月南昌府屬淫雨自五月至秋七月旱傷禾稼同上

天順二年戊寅南昌府屬久雨大水衝決民居淹損禾稼同上

四年庚辰夏四月南昌府屬江溢飢原志

成化元年乙酉旱同上

二年丙戌旱同上

三年丁亥夏南昌府屬三月不雨大無禾安志

四年戊子旱原志

七年辛卯大水漂流房屋人畜甚衆同上

十年甲午南昌府屬旱府志

十二年丙申南昌府屬水同上

十四年戊戌旱原志

十五年己亥旱同上

十六年庚子旱同上

二十一年乙巳大水市民徐鋑家屋柱上產芝菌稍向北色黃初生時有氣狀如鑪烟之裊漸成六層 原志

宏治元年戊申正月雨水冰五月野牛入於市 同上

三年庚戌徐鋑家屋柱復產靈芝如成化年間狀 同上

六年癸丑徐鋑家又產靈芝色紅亦漸長六層爛然可愛初生亦如成化年間狀

七年甲寅大水

十四年辛酉南昌府屬水 府志

十六年癸亥南昌府屬水 同上

正德元年丙寅大旱 原志

五年庚午奉新大飢府志

八年癸酉大旱舊志

十年乙亥南昌府屬飢府志

十三年戊寅南昌府屬水同上

十五年庚辰春南昌府屬恒雨夏四月大水府志

十六年辛巳南昌府屬飢同上

嘉靖元年壬午夏五月南昌府屬大水飢同上

五年丙戌夏南昌府屬大旱同上

十二年癸巳夏四月十三府大水蝗大至遮蔽天日落田食

穀輒盡數十畝院道臨縣設法捕之令貧民捕賣炒死一

石給米一石萬歷志

十三年甲午虎入種德門橋市民殺之同上

十五年丙申野牛入南門橋市民殺之同上

十九年庚子大飢舊志

二十四年乙巳大飢山村鋤蕨爲食勸富民出米煮粥同上

二十五年丙午生員余栩家砌石上産靈芝長五層同上

三十一年壬子南昌府旱飢府志

三十五年丙辰夏四月南昌府屬大水飢同上

三十九年庚申南昌府屬水飢同上

四十一年壬戌夏四月至六月南昌府屬大水衝決民田廬

同上

四十三年甲子南昌府屬水同上

四十四年乙丑南昌府屬飢同上

隆慶二年戊申南昌府屬飢同上

萬歷五年丁丑三月雨黑穀舊志

十四年丙戌南昌府屬大水府志

十五年丁亥南昌府屬大水飢同上

十七年己丑南昌府屬自春三月不雨至秋七月疫同上

三十六年戊申八月大水舊志

三十七年己酉夏南昌府屬大水府志

四十六年戊午秋八月奉新縣大雨出蛟山水暴溢漂民廬居溺死者六七百人巡撫包見捷以聞 遺聞

崇禎四年辛未秋七月十八日南昌府屬地震九月天鼓鳴十月又地震 安志

九年丙子南昌府大飢米穀騰貴鄉城爭相搶奪巡撫解學龍禁之弗得以數人正法乃止 安志

十四年辛巳正月雨木冰 舊志

十五年壬午四月黃霧四塞

國朝順治三年丙戌二月初三夜西北方有彗星狀如鎗刀劍戟赤色光芒有一星光芒直衝斗口是年自五月至秋七月不雨草木皆焦 舊志

四年丁亥大飢斗粟銀六錢人多死舊志

九年壬辰大旱舊志

康熙元年壬寅南昌屬旱同上

五年丙午四月壬子立夏雷雨大注卑寅有大暈縱橫數丈圈內弦青黑日色閃動如沸波傳云主應大水箋臆

七年戊申春三月雨雹夏六月地震有聲舊志

十一年壬子春大飢

十七年戊午秋旱同上

二十二年癸亥自正月至三月恒雨舊志遺今據帥我詩補入

苦雨行有引癸亥正月至三月盡霪雨不止時臬憲柯公僉憲查公人覲陳言以南郡淫賦併各府荒缺錢糧特疏入告雖尚未奉

恩旨然捧讀疏藁眞誠惻怛民瘼得以上聞如蒙
俞允則仁人之言其利溥矣　一春九十日積雨何連綿農事過時節空村絕炊煙吾聞唐貞觀斗粟至三錢吏臣紀盛治特書光簡編今粟亦云賤啼飢乃復然富室迫催科貧家愁粥饘粟死古所懼民窮
帝所憐況復雨不止平田成巨川畔種如失候憂豈獨眼前昨聞諸覲公入告誠惓惓浮賦旣面陳荒租猶請蠲疾痛得上達仁言眞可傳未知九重意民頸已久延禱祀并呼籲歡喜還憂煎
聖朝無弊政惠澤知不偏延佇
恩詔下毋使谷堯天

野田黃雀行

嗟爾小田雀空田拾餘粒年年同飽飛樂羣保相集爾來兵火餘草荒失原隰人稀廢稼穡煙火空鄉邑亂蹊咽殘雲往往聞鬼泣誰知太平民散亡賴安輯鳥飢猶飛鳴人飢空嗚唈殺心生網羅忍氣遂相及往者食于農微軀義周急一飽殘千生捲滿沾巾濕

二十八年己巳秋旱　舊志

五十五年丙申夏大水　同上

雍正六年戊甲秋旱同上

七年己酉虎至東門外市民殺之同上

十一年癸丑五月大水同上

乾隆八年癸亥四月大飢斗粟銀數錢同上

十年乙丑五月大水同上

十二年丁卯九月初一日夜棚口前火焚店二百餘家同上

四十年乙未蝨傷稼

四十六年辛丑夏旱

五十四年己酉新安鄉民熊衍夢妻產三男

五十八年癸丑七月大水漂沒民田廬無數城中不被浸者

僅三十餘家

嘉慶七年壬戌旱

十年乙丑五月新安鄉大水

十六年辛未旱

十八年癸酉糧署古木生靈芝二

李鵬元奉新丞廳雙芝記

嘉慶癸酉仲冬之月瑞雪降庭廳事右古木生靈芝之二質若凝脂雜黃纖白其氣氤氳非華非實及其長也濶尺有咫中厚數寸邊有輪郭雲盤層疊勢若兩翅軒輊顔頡潔而膩澤而堅寶蓋鱗簇油油然飽經霜露既歷三秋方興未艾也客曰嘻是瑞草也非君善政何以召之君涖茲土越十七年矣視民者老猶吾耆長也視民少壯猶吾子弟也視民孤獨猶吾兄弟之無告也民有善君嘉之民有不善君教之古所稱愛民如子者豈過是乎故虐民則報及於嗣愛民則善延於世此其間有天焉非人力可强而爲也昔羅君致仕而蘭生於階德之感也謝子多佳而芝生於庭福之兆也意者秀草之

之生亦祥和之氣所感召而致之者與君之德足以致之君之才盡從而志之予曰嗚呼予何德哉且瑞應之與上昭
聖澤下兆休徵予何敢有也客又曰靈瑞之物嘗不虛生君卽不自有亦盡書之以爲後來君子居是官者勸予曰諾因詳其物之異與客之言而題之於廳壁是爲記

二十五年庚辰旱

道光三年癸未五月大雨二十餘日

八年戊子夏大水

十一年辛卯夏大水米價騰貴

十二年壬辰大疫

十五年乙未秋螽

十六年丙申夏旱

二十一年辛丑冬十月雨水氷
二十三年癸卯桃源黄氏祠柱產芝蔡心泰有記
二十四年甲辰同安鄉興賢書院產芝數本紫黄二色
二十六年丙午夏大旱傷稼
二十七年丁未大街火焚店貳百餘間
二十八年戊申秋大水漂没田廬無數
三十年庚戌秋長星見於西方
咸豐七年丁巳春蝗署縣令張星焜率同城官督鄉團捕之設局收買五月大水餘蝗盡漂没是年四鄉豺出食人連年被其患今仍間有之

十一年辛酉春元旦大凍樹木多隕夏彗星見冬十二月大雪

同治三年甲子春大雪凍傷木

四年乙丑春二月大風雹拔木毀屋廬

五年丙寅春雨水泳

八年己巳春二月淫雨至於夏五月大水

乾隆三十七年壬辰同安鄉民張向晨妻產三男邑侯尹給帛米銀兩舊志遺今補入

嘉慶十三年戊辰歸德鄉民黃義周妻產三男邑侯金給熙朝人瑞匾額舊志遺今補入

【同治】豐城縣志

（清）王家傑修　（清）周文鳳、李庚纂

清同治十二年（1873）刻本

祥異

晉

永熙初年紫氣見斗牛間獲寶劍 龍光志

按晉書吳未滅斗牛間常有紫氣當時皆以吳方强盛未可圖也惟張華以爲不然吳平後紫氣愈明華聞豫章人雷煥妙達象緯乃要煥宿屏人曰可共尋天文占將來吉凶因登樓仰觀煥曰僕察之久矣惟斗牛之間頗有異氣華曰是何祥也煥曰寶劍之精上徹于天耳華曰君言得之因問曰在何部煥曰在豫章之豐城因補煥爲豐城令煥到縣掘獄獲雙劍一曰龍泉一曰太阿是夕斗牛間氣不復見

昇平四年鳳凰將九雛於豐城今苦竹爲鳳舞里梧桐岡冬十一月

鳳凰復見羣鳥隨之 舊志

按前府志辨之曰宋書符瑞志云昇平四年鳳凰將九雛子見鄖鄉之豐城考穆帝昇平五年分蒼梧立

永平郡有鄖鄉縣宋元嘉時立豐城縣豐城本吳縣屬蒼梧郡宋永和併入安沂元嘉復立故日鄖鄉之豐城合晉宋邑名言之最爲明晰通考但曰豐城遂轉相抄襲誤爲豫章郡之豐城而不知其遠不相及也按府志所辨殊誤考晉書穆帝紀昇平四年二月鳳凰將九雛見於豐城十一月鳳凰復見於豐城羣烏隨之通考所記是本晉書確鑿可據又晉書地理志豫章郡有豐城蒼梧郡無豐城卽分立永平郡之鄖鄉亦俱未載太平寰宇記同則通考但曰豐城並非脫誤且卽宋書前後考之符瑞志載鳳凰見在昇平四年州郡志載鄖鄉立在昇平五年是鳳凰見尙在鄖鄉未立之先當時紀載者尤不應遂直書鄖鄉也若云豐城本吳縣宋永和併安沂元嘉復立則豐城較鄖鄉爲舊縣豐城一邑鄖鄉又自一邑判然兩地鳳凰究見何處安得牽合以爲鄖鄉之豐城乎日知錄謂宋書載廣陵郡肥如縣一卷之中自相違舛其誤大抵此類而謂符瑞志之盡足據耶

南朝宋

元嘉二十七年夏四月乙卯甘露降戊午天氣清明旦彩雲掩覆南昌郡邑甘露自雲中降太守劉孝思以聞 豫章書

〔唐〕

武德六年慶雲見洪州 安志

貞元元年嘉禾生洪州 省志

元和二年秋洪州大旱 省志

長慶三年秋洪州螟蝗害稼八百頃 豫章書

太和四年大水鼠害稼 八年秋水害禾 豫章書

〔宋〕

大中祥符四年秋七月大水傷稼漂民廬舍舊志

治平元年洪州大水安志

元豐二年秋洪州稻已穫再生皆實安志

大觀二年龍霧洲獲古鐘大小九具有篆文詔令進上安志

紹興四年洪州大水圮民廬自夏至秋江西二十七縣皆水舊志

乾道三年秋八月江東水溢於山隆興四縣爲甚舊志

按省志隆興三年秋八月積潦至九月禾稼皆腐隆興四縣爲甚與此互異考宋史孝宗隆興止二年九年改元乾道

淳熙元年饑賑以常平義廩　五年大水決觀[illegible]

七年夏五月至秋七月不雨　九年甘露降於曲江海慧寺　十四年旱　十五年大水舊志

嘉泰四年春大饑令發常平倉賑之部使者益以綿粟豫章書

端平元年夏六月朔晝晦大風雨雹吹濱江廬舍大水人多溺死縣治鼓角二樓盡毀折梁椽飄擲一空帥守陳韡自劾永安志

元

元貞七年春二月龍興路饑府志

大德元年夏五月龍興路水　七年夏五月龍興路饑

八年龍興路水　九年夏六月龍興路水　十年

夏六月龍興路蝗豫章書

皇慶元年夏四月龍興路雨害稼豫章書

延祐元年秋八月龍興路水江西通志

泰定二年龍興路饑府志

至順元年江西饑有田之家盡爲餓殍府志

至元元年春三月龍興路饑　二十七年秋龍興路水

溢府志

至正三年大疫　十年夏五月龍興路大水　十三年

夏大旱 十四年冬龍興路雨木氷豫章書

明

永樂十一年春二月饑豫章書 十二年大水 十三年夏四月南昌府屬大雨江水泛溢壞廬舍没禾命戶部遣人撫卹府志

洪熙元年夏五月南昌府屬久雨水潦傷稼命行在戶部蠲其租府志

宣德八年夏六月南昌府屬大雨江水溢巡撫趙新奏蠲租巡按尹鏜奏免工部坐派諸色顏料竹木鑄錢等項倶豐稔徵輸 十年大饑府志

正統五年春夏南昌府屬淫雨江漲淹沒早禾六月亢旱晚禾枯死布政使司以聞命戶部撫卹　十二年南昌府屬水民乏食巡撫芮劍奏允賑濟　十四年大水府志

景泰七年夏四月南昌府屬淫雨自五月至秋七月旱傷禾稼巡撫韓雍奏豁秋糧從之府志

天順二年南昌府屬久雨大水決民舍損禾稼　四年夏四月江水溢民饑免秋糧舊志

成化元年南昌府屬旱減稅糧三分府志　秋七月大水詔戶部勘實以聞　三年夏南昌府屬自四月不雨

至六月禾盡枯　四年大水決堤五十餘丈漂民居十餘家　十年春三月大風拔木治南棟椽有飄飛郊外者壓死人畜無算次日樹間挂巨鱗長鬣或疑爲龍方伯陳煒蒞縣賑䘏　十三年夏四月大雨雹夏六月芝草産於學宫堂東楹　二十年春三月大雨雹　二十年夏五月大水決堤漂民居舊志

宏治七年冬十月甘露降於梅仙壇李家岸記

正德四年大雨雹夏六月大水　五年夏五月大饑八年夏六月壬戌邑西南隕火星如斗光赤明日火起焚官民廬舍二萬餘間死於火者三十餘人已而

復隕火星如盆火復起至七月二日方熄戸部疏請
行巡撫查勘被火之家分别賑卹從之是年水復旱
蠲稅九分冬雨木氷　九年八月朔晝晦星見　十
二年夏四月地震御史范輅上其事　十五年正月
至三月恆雨夏四月大水決堤漂民居二十餘家大
傷稼五月三龍見於楓林橋暴風壞屋御史唐龍疏
請賑卹舊志

嘉靖元年夏五月大水饑決堤共一千七百餘丈壞田
廬漂男女數十人　五年夏五月大水　十二年夏
六月大雷雹秋七月蝗冬十二月雷　十二年夏四

月大水　十六年春正月雨木氷夏五月大水決馬
湖堤五十丈　十九年大水饑蠲稅　二十年甘露
降於窑嶺　二十二年春正月朔慶雲見　二十三
年旱大饑　二十四年大饑是時黃源出土曰仙米
饑民鋤食之多病　二十九年夏四月黃霧三日
三十五年夏四月大水決堤漂民居十數家　四十
年春正月雨木氷三月大雨雹大者如雞子小者如
桃李九月邑西桐葉皆生蟲狀如武弁　四十一年
夏四月至六月大水城圮百二十丈決堤二百三十
餘丈大傷稼　四十三年水免稅糧有差　四十四

年饑舊志

隆慶二年饑巡撫劉公光濟奏免秋糧及改折南京倉米安志

萬歷三年地震且旱　十四年大水蠲賑有差　十六年旱饑蠲免存留糧銀有差　三十二年冬十二月龍見田中身長四十餘丈頭似麟七日後飛翔挾風雨而去　三十四年旱災免正官覲　三十七年夏大水巡撫衛公承芳巡按顧公造奏請蠲卹　四十二年水傾二王廟堤七十丈　四十四年夏五月大水決馬湖堤三百餘丈漂民廬舍壞洪橋舊志

天啟元年春雨木氷　四年芝草產於學宫舊志

崇禎四年秋七月十八日地震九月十六日天鼓鳴冬十月十六日地震　六年夏雨黑粟人種之生兩葉如劍狀　九年大饑邑紳士倡義捐賑於連珠寺　十一年夏大水　十四年春正月雨木氷五月大水饑　十五年大疫　十六年春三月菊花開舊志

國朝

順治三年春芝草產於登仙門外民舍夏大旱　四年春恆雨夏五月水大饑斗粟銀七錢民齧草噉土餓殍載道　八年春三月大風靁治前石坊壞木多拔

屋瓦飄擲　九年夏四月長樂鄉水暴作崩山裂石溺男女漂廬舍決田數百餘畝土人傳爲金牛怪出云　十四年甘露降於縣署　十六年旱巡撫張公按院李公奏蠲稅糧十之三　十八年春二月雨雹大風拔木五月大水壞雞婆堤漂民廬舍墳墓塞田百餘頃溺男女三十餘人巡撫張公奏蠲稅糧十之三　舊志

康熙元年芝草叢生於感山寺夏大旱總督張公巡撫董公奏蠲稅糧十之三　二年夏旱秋七月水　三年秋大旱九月甘露降於治東景福觀　十一年春

大饑巡撫董公衛國奏蠲稅糧發倉賑濟　十八年旱巡撫安公世鼎賑䘏　二十一年夏水巡撫佟公康年蠲賑　二十六年大水決堤　二十七年旱　二十九年大水決堤　三十二年旱　四十一年大水決堤　四十三年大水　四十四年夏五月水決堤巡撫郎公廷極蠲賑　四十五年五月大水決堤　四十八年大稔　五十二年夏五月大水決堤千餘丈城市水深五六尺民居低窪者沒戸　五十三年冬十二月雨冰積地數尺　五十九年大稔　六十年有星大如盃晝見數月始沒舊志

雍正四年八月大水決堤秋禾災奉
恩蠲賑　十年大水決堤冬十一月火延燒數百家舊志
乾隆二年六月大水決堤　四年十月火災延燒數百
家　六年十二月火災　七年夏五月甘露降於學
宫　八年夏四月水決堤大饑時淖塘出土細膩如
赤石脂鄉人掘取和糠粃作食日六七千人冬彗星
見至次年春始没　十年秋七月火延燒數百家冬
十一月雨木氷　十一年春正月雨木氷樹折古樟
多枯死　十三年疫冬無雪　十四年疫冬少雪
十六年春正月二十六日大風河西雨黑雪驛前渡

船覆溺死八十餘人邑紳士倡捐募船沿河撈屍清明日知縣滿爲文親詣河干招魂以祭夏四月水五月旱民饑館驛前新砌石岸陷閏五月舊土岸裂無風水湧傾陷數十丈上憲召龍虎山提點書符鎮怪七月岸復陷　十七年春恆雨大饑民多採樹皮草根作食夏四月大水漂麥傷稼決熊家厫土堤十七丈卯家厫土堤三丈九尺舊志

乾隆二十二年秋九月十六日地震　二十五年大旱　二十九年夏五月大水決堤舟入市冬十月瘟疫小兒傷者無算　四十五年夏四月大雨雹　四十

九年大水　五十一年大旱饑　五十四年大旱
五十七年夏四月大雨水二黄壋堤決漂沒廬舍無
算田多沙塞 前志
嘉慶七年大饑巡撫奏請緩征　八年民饑穀騰貴
十年冬十一月地震　十一年大有年　十二年大
旱自五月至七月不雨　十三年夏五月大雨水
十四年水　十五年水　十七年夏大水雷公腦堤
決　十八年大水　十九年水　二十一年夏五月
旱　二十三年夏五月大水螺螄街堤決北城及學
宫墻皆衝圮　二十五年夏大旱河竭 前志

道光二年春正月雪深數尺夏四月大水湯家巷螺螄街雷公腦堤俱決　三年夏霪雨大水山鄉田廬皆没　十年大水傷稼饑知縣武請發積穀平糶　十二年大水饑五月大疫　十三年水　十四年夏大水堤決殆盡漂没廬舍無算歲大饑五月大疫　十五年旱六月蝗大饑民齧草噉土餓殍載道　十六年水雷公腦石堤決　十七年大稔　二十年冬十一月雨木氷樹多折　二十四年夏大水決堤殆盡城市水深數尺民居低窪者没戸冬十月梨花開疫起　二十六年水秋七月大雨豐水驟漲劍池鄉田

多淤塞澄山麓有巨石飛山巔　二十七年水　二
十九年水
咸豐三年夏大水六月淫雨不止稻盡腐冬十月雷復
淫雨秋穫腐民大饑　四年水　七年春水　八年
夏四月大水堤決千餘丈八月蝗　九年春正月十
五日大雨雹八月大疫　十一年夏五月五日忽疾
風暴雨龍見於滎塘冬十二月雨木氷老樟多枯死
同治元年夏大水合掌街馬湖壋等堤皆決田多淤塞
二年春大水　三年春正月大雪連旬不止積數
尺螺螄街堤圮　四年春三月夜大風木多拔屋瓦

飄鄉　五年春大水夏五月復大漲宫湖堤決漂廬舍無算冬十二月大雷疫起　八年夏四月夜大雷暴雨比曉不止邑南諸山猝崩陷水湧出高丈餘田多淤塞長安長樂兩鄉尤甚有小山一夕徙田中水石如故　九年春二月大雨雹小者如拳大者如盂色晶瑩有稜暈壞廬舍無算居民有壓死者三月山水暴漲長安長樂兩鄉田多淤塞　十一年春夜鬼燐遍途秋後疫起河西尤甚

【同治】靖安縣志

（清）徐家瀛修　（清）舒孔恂纂

清同治九年（1870）活字本

祥異

一邑災祥詎必遂關洪範然令之政教或於此可徵

休咎焉史稱麥秀兩岐蝗不入境非循良之明效歟

宋

元豐六年洪州七縣稻已穫再生皆實宋史五行志

紹興二十七年洪州大水宋史五行志

乾道三年江西諸郡水隆興四縣爲甚　四年夏六月隆興旱　七年洪州旱　八年隆興府薦饑俱宋史五行志

淳熙七年隆興大旱宋史五行志　九年秋七月隆興旱豫章書　十四年夏隆興旱豫章書　十五年六月隆興府大水宋史五行志

紹興四年六月戊戌靖安縣水漂三百二十餘家宋史五行志

嘉泰四年春隆興府大饑（宋史五行志）

嘉定八年春旱首種不入（豫章書）

端平元年夏六月大風雷屋瓦皆飛鳥獸驚駭（通志）

案舊志載宋紹興淳熙嘉泰嘉定間皆大饑端平元年風雷變故爲考證

元

至正四年春正月隆興靖安縣雨木冰　九年靖安山石迸裂湧水人多死者（元史五行志）

明

永樂十三年夏四月南昌府屬大雨壞廬舍沒禾稼（府志）

洪熙元年夏四五月南昌府屬久雨水潦傷稼府志

宣德八年夏六月南昌府屬大雨淹没田畝府志

正統五年春夏南昌府屬淫雨淹没旱禾　十二年南昌府屬水災人民乏食俱府志

景泰七年夏四月南昌府屬淫雨自五月至秋七月旱傷禾稼府志

天順二年南昌府屬久雨大水衝決民居淹損禾稼府志

成化元年南昌府屬旱府志　二年旱舊志　三年南昌府屬自夏四月不雨至六月禾盡枯府志　十四年旱舊志　十五年春旱五月又大水舊志

宏治十四年大水 十六年南昌府屬水府志

正德元年大旱 五年民大饑遂起爲盜有瑪瑙崖之變

六年三月日抱環珥白虹貫之 八年大旱 九年八月

朔日食晝晦星見咫尺不見人禽鳥投林踰時乃見 十

三年大旱六月有星自東南方向西北其光燭天有聲

十四年大旱俱舊志

嘉靖五年六月大旱 十九年五月大饑斗米銀壹錢 二

十二年雨雹如栗杏大 二十三年旱 二十四年饑斗

米銀壹錢知縣史載澤設法賑濟 夏五月泮池開蓮花

並蒂俱舊志 三十九年春三月南昌府屬水饑靖安尤甚

府志　四十年二月大饑山蕨採盡間有鍋棕屑度活者

王簿黃應徵設法賑濟　四十一年夏五月大水衝決民

居田產舊志

案斗米銀壹錢似不爲饑想見當時米價之賤

萬歷十六年歲饑舊志

崇禎九年大水歲饑舊志

國朝

順治三年大旱五月不雨次年大饑斗米銀七錢舊志　十

年盆田都壽民陳舜禹百歲眼見孫曾巡撫蔡士英給人

瑞額旌之舊志誤爲明人附於選舉末據文冊更正十年大雨雹舊志

康熙九年大水　十年旱　二十年夏陂都壽民張希文百
歲知縣鍾芝䝉給扁旌之　二十四年多虎傷人六百餘
二十八年旱　二十九年大雨山水漲發漂沒沿河廬
舍．五十四年六月大雨水衝決縣城西門外馬家洲淹
沒昭靈祠前田地百餘畝邑紳涂玠捐築隄岸捍之未幾
仍潰決俱舊志
雍正五年多虎傷人　七年四月初六大雨雹傷禾稼俱舊志
乾隆二年歲大有府志　七年秋分後衆木華　八年歲饑
斗米銀貳錢伍分民食禹餘糧　十一年六月縣丞署內
桃李華　十六年五月歲饑斗米銀叁錢署縣朱堂碾常

平倉穀平糶舊志　二十一年歲饑　二十五年旱　三十二年夏南河大水　三十五年棠棣都滌能五妻李氏壽百歲知縣楊瑄詳請題旌給扁　四十一年六月不雨歲饑府志　五十八年七月溯南北兩河大水衝塌田廬秋稼無收巡撫陳淮親臨勘災

嘉慶七年夏大旱民食觀音土　十年五月大水知縣馬廷爕捐俸撫䘏　十三年閏五月大水　十四年磜坑都壽民舒天成五世同堂知縣馬廷爕給予龐眉衍慶匾

十八年廂都耆民錢顯輝年七十二歲五世同堂知縣馬

廷爽詳請題

旌給扁 二十三年雨雹 二十四年南源都壽婦劉廣揚妻易氏年九十一歲五世同堂代理知縣楊鳴謙詳請題

旌給扁 二十五年自五月下旬至八月不雨秋稼歉收

道光元年夏六月雨雹

道光五年大水决堤岸僉議築壩捍之 八年前任浙江金衢嚴道舒慶雲親見七代五世同堂知縣宋慶賞具詳請

旌給予七葉衍祥匾字 十年童生黄元吉禀呈伯母黄李氏年滿百歲懇備案入志知縣宋慶賞准備案 十一年

追里都儒士今 貤贈修職郎劉繼向妻贈孺人涂氏百

歲知縣宋慶賞具詳請
旌給帑建坊賜予貞壽之門匾字　南源都葉興連同妻曾
氏五世同堂知縣宋慶賞具詳請
旌給予眉壽延慶匾字　十一年歲饑　十二年歲大饑民
食觀音土　十五年原任直隸撫甯縣榆關巡檢舒英妻
胡氏一百二歲知縣張師吉具詳請
旌給帑建坊賜予貞壽之門匾字　十六年南昌府屬蝗靖
獨無蝗　十七年十八年多虎傷人　二十一年盆田都
李博盛妻游氏五世同堂知縣佛爾國春具詳請
旌給予黃耇繁衍匾字　二十一年冬十一月雨木冰　二

十三年李博崴妻游氏百歲呈准自行建坊據案增 二
十六年旱自閏五月初旬不雨至八月秋稼歉收 二十
七年新興都鄭宜也妻高氏五世同堂採訪新增
道光三十年富仁都壽婦劉世珩之妻況氏年九十二歲五
世同堂知縣熙恬准存案
咸豐三年七月洪水決堤沖壞民屋 七年八月飛蝗過境
傷害禾稼 十月桃李華 九年富仁都壽婦鄭智本之
妻劉氏年九十一歲五世同堂知縣馬長康准存案
同治元年春初雨水後水溪河凍堅可渡人 有豺虎傷人
二年富仁都壽婦鍾黃氏年九十六歲五世同堂知縣

陶𬘡昌詳請題

旌給匾 二年礫坑都壽婦陳傑仕之妻張氏年八十八歲五世同堂知縣陶𬘡昌詳請題

旌給匾 三年有虎狼傷人 五年富二都壽婦況鳴瑞之妻熊氏年八十七歲五世同堂知縣陶𬘡昌詳請題

旌給匾 五年富二都壽紳楊懷春同元配廖氏均八十六歲五世同堂知縣陶𬘡昌詳請題

旌給匾 六年棠一都湯必浩享壽百齡知縣陶𬘡昌存案

八年南源都壽民劉荇賢享壽百有三歲 呈縣存案

八年富二都壽婦曾羅氏年九十二歲五世同堂知縣

徐家瀛詳請題

旌給匾　八年大饑鈌糴貧氓采苦耶生　九年礫都壽民

陳致源壽享百齡知縣徐家瀛稟詳題　奏待錫

旌揚　九年富二都陳引翠亭壽百有五歲五世同堂知縣

准存案　九年富二都壽婦韓　壽之妻郭氏年九十一

歲五世同堂縣准存案　有豺狼傷人

【嘉靖】撫州府志

（明）黄顯修　（明）陳九川、徐良傅纂

明嘉靖三十三年（1554）刻本

天文志四

災祥考

春秋昭三十一年十二月辛亥朔日食在龍尾史墨曰六年及此月也吳其入郢乎終亦弗克庚午之日日始有謫火勝金故弗克吳楚非龍尾分野而史墨知吳入郢者以日決之也

春秋昭三十二年歲在星紀吳伐越史墨曰越得歲而吳伐之必受其凶不及四十年越其有吳乎疏云昭十五年龍度天門故使今年越得歲吳越同次吳先舉兵故凶鄭玄云斗主吳牽牛主越是歲星在牽牛故吳伐之凶

漢高帝三年丁酉十月甲戌晦日有食之在斗二十度

武帝元鼎中熒惑守南斗（後閩粵王反誅民徙地虛）

太始四年戊子十月甲寅晦日有食之（在斗十九度）

昭帝始元元年乙未十一月壬辰朔日有食之（在斗九度）

元帝初元元年癸酉四月客星犯南斗第二星（大如瓜）

光武中元元年（丙辰）十一月甲子晦日有食之（在斗二十八度）

明帝永平八年乙丑十月壬寅晦日食既（在斗十一度）

和帝永元五年癸巳九月太白在南斗魁中

元興元年乙巳四月辛亥有流星起斗東北

安帝元初四年丁巳九月太白入南斗口中

順帝永和二年丁丑八月熒惑入犯南斗四年巳卯

七月又犯
靈帝熹平元年甲子十月熒惑入南斗中
三國魏文帝黄初六年乙巳十一月太白晝見南斗
遂歷八十餘日恒見
高貴鄉公正元元年甲戌十一月白氣出南斗側廣
數尺長竟天
吳孫權赤烏十三年庚午五月熒惑逆行入南斗時
賊帥董嗣刼鈔臨川番陽太守周魴徂殺之
孫亮太平元年丙子九月太白犯南斗
晉武帝太康八年丁未九月有星孛于南斗長數十

丈十餘日沒

惠帝太安三年甲子正月月犯太白入南斗九月太白入南斗

懷帝永嘉三年己巳塡星久守南斗

元帝太興元年戊寅七月太白犯南斗九月又犯二年己卯郡內蝗三年庚辰天鳴東南有聲如風水相薄十二月己未太白入月在斗

成帝咸和六年辛卯正月月入南斗八年癸巳三月亦如之咸康二年丙申九月太白入南斗

穆帝永和四年戊申十二月豫章盜黃韜聚衆寇臨

川太守庾條討平之永和間月犯南斗者四太白
犯斗者三
哀帝興寧三年癸亥七月月犯南斗
孝武帝寧康元年癸酉三月月掩南斗第五星
太元元年丙子四月熒惑犯南斗第三星七年壬
午十一月太白晝見在斗十一年丙戌三月客星
出南斗至六月乃沒十八年癸巳臨川郡東興縣
溪傍白銀木芳靈木李木並連理十九年甲午十
二月太白合歲星在斗
安帝隆安五年辛丑天鳴東南六年壬寅又鳴義熙

元年乙巳又鳴二年八月熒惑犯南斗第五星

宋孝武帝孝建二年乙未五月熒惑入南斗三年丙申宜黃民得銅鐘七于田中有龍見臨川郡內西豐縣有白鹿見

齊武帝永明三年乙丑臨汝縣有白雀見

梁武帝天監元年壬午八月熒惑入南斗十四年乙未十月太白犯南斗普通六年乙巳三月歲星入南斗大同五年丙寅十月彗出南斗指東南長丈餘泰清三年乙巳南城人周迪周敷新建黃法𣰰南昌熊曇朗等蜂起割據雖各要有朝命官爵而

互相攻擊吞併兵無寧歲迫抗命差久壽亦剪滅
凡十六七年而後平
陳武帝永定三年巳卯九月月入南斗
文帝天嘉三年壬午月犯南斗四年癸未九月太白
入南斗
後主至德元年癸卯天東南有聲如蟲飛
隋煬帝大業三年丁卯三月熒惑逆行入南斗色赤
芒大而長九年癸酉五月火星又入南斗十二年
丙子九月枉矢出北斗魁委曲蛇形注于南斗時
番陽盜林士弘等兵起臨川豪傑皆殺守令以附

之

唐高祖武德元年戊寅九月太白入南斗六年癸未

十二月壬寅朔日有食之在斗十九度

高宗顯慶五年庚申二月熒惑入南斗六月復犯之

萬歲登封元年三月壬寅郡城大火

中宗景龍元年丁未十月乙巳朔日有食之在斗二十八度

玄宗開元二十二年甲戌十二月戊子朔日食在斗十三度

二十七年己卯七月熒惑犯南斗天寶初載郡

民李嘉嗣所居柱上生靈芝肖天尊像

肅宗乾元元年戊戌五月月入南斗魁中

代宗大曆二年丁未九月熒惑犯南斗十年乙卯歲
星熒惑合于南斗
德宗貞元十四年戊寅四月江西諸郡溪澗魚頭皆
戴蚯蚓十九年癸未三月熒惑入南斗色赤如血
憲宗元和三年戊子秋大旱四年己丑旱自正月不
雨至于六月九月癸亥太白犯南斗七年壬辰五
月暴水平地深至四丈九年甲午秋大水害稼七
月太白入南斗至十月乃晝見熒惑又入斗中因
留犯之十年乙未八月月入南斗魁中十三年戊
戌熒惑入斗因逆留至于七月乃東行十四年己

亥正月月犯南斗魁中
穆宗長慶二年壬寅三月歲星熒惑合于南斗
敬宗寶曆元年乙巳秋大旱
僖宗乾符四年丁酉王仙芝遣將掠撫州不能守洪州鍾傳入據之是歲南城人危全諷起兵保障鄉里安撫江嶺都護謝肇補全諷爲討捕將遣平諸竊號賊帥六年巳亥歲星入南斗魁中廣明元年庚子黃巢兵犯境兵火聯于四郊諸縣騷擾中和二年壬寅五月鍾傳逐江西觀察使據洪州衆推全諷取撫州平寇安民表聞詔授本州刺史文德

元年戊申七月丙午月入南斗

昭宗景福元年壬子十一月有星孛于斗牛光化二年巳未鎮星入南斗三年庚申十月太白鎮星合于斗天復元年辛酉鍾傳圍撫州郡城災退兵盟而還三年癸亥十一月丙戌大白在南斗至明年正月遂高十丈光芒甚太

五代梁太祖開平三年巳巳危全諷起兵江西復鍾氏故地與楊隆演將周本相拒全諷兵敗江西遂爲僞吳所取

唐明宗天成元年丙戌七月乙未月犯太白乙丑入

于南斗魁自後入南斗者二犯之者二

南唐昇元間甘露降于郡城仙臺觀之松樹上

晉出帝開運元年甲辰月入斗者三熒惑入者一太白犯者一

漢高帝天福乾祐間月犯南斗者二入之者一

周世宗顯德三年丙辰正月有大星出南斗東北流丈餘滅

宋太祖建隆三年壬戌冬十二月月入南斗魁開寶九年丙子九月又犯之

太宗雍熙二年乙酉十二月丁巳太白鎮星歲星合

于南斗魁端拱二年己丑鎮星熒惑合于南斗淳化中金谿得金山子州守獻之重三百七十餘兩真宗咸平二年己亥正月月入南斗魁十月太白入南斗三年庚子郡學前王右軍墨池水色變黑如雲時以爲人文盛之兆後晏王諸公相繼拜相四年辛丑正月丙寅太白晝見在斗五年壬寅三月丙午有星晝出至南斗沒亦光丈餘七年甲辰州修天慶觀解木有文如墨畫雲氣峰巒人物衣冠之狀景德元年江西諸路飢遣使賑之二年乙巳六月月犯南斗三年丙午州守獻白烏詔罷免歲貢大中祥符六年癸

丑四月甲辰月犯南斗天禧二年戊午正月又犯斗距星四年庚申二月月掩南斗魁五年辛酉臨川温泉積歲湮涸忽流湧民沐浴者有疾皆愈

仁宗朝月犯斗者五太白犯者二嘉祐間臨川戰坪里得金山子重二十餘斤知州事王周獻于朝

神宗熙寧元年戊申撫州獲白兎六年癸丑七月太白犯南斗距星元豐元年戊午四月庚申月入南斗

哲宗元符三年庚辰九月太白犯南斗西第二星

徽宗大觀三年己丑旱自六月不雨至于十月宣和三年辛丑正月戊申熒惑犯南斗

高宗建炎三年己酉十二月金虜寇撫州太守王仲山禦之時扈從孟太后軍至吉而潰以兵犯撫州崇仁金谿鄧傅二社兵敗之四年庚戌十二月李敦仁寇崇仁紹興元年辛亥正月李訓仁寇撫州虔化盜寇宜黃官舍盡燬二年壬子甘露降于州之祥符觀知州事高衛爲圖上之三年癸丑七月月入南斗行魁中四年甲寅自夏至秋大水五年乙卯正月太白鎮星合于南斗六年丙辰春郡大飢殍死甚衆民流盜起十年庚申荐飢人食草木十五年乙丑嘉禾生一本九穗郡守晁謙之乞宣

付史館十九年己巳七月戊申熒惑入南斗八月
月入南斗二十九年己卯諸縣蝗三十年庚辰冬
蝗宜黄有大蛇見于丞治長三丈縱之十里外復
至者數四

孝宗乾道七年辛卯江南飢民皆流徙八年壬辰大
無麥禾九年癸巳郡大旱淳熙七年庚子大旱九
年壬寅旱詔常平義倉米四十萬石付諸司備賑
十三年丙午十四年丁未俱旱十五年戊申六月
郡大水圮民廬

寧宗慶元二年丙辰有犬如人坐于郡守治事之座

後守臣林廷章卒于官六年庚申郡大水壞民廬害田稼嘉泰二年壬戌郡邑水害苗稼四年甲子春郡大飢殍死者不可勝瘞嘉定元年戊辰大蝗四年辛未十月撫州火十四年辛巳大旱

理宗紹定二年己丑江右苦旱盜起入樂安三年庚寅乂入宜黃焚崇仁郡城大震閏二月盱寇犯金谿南境閫帥遣遊奕一軍來援分檄鄧傅二社兵驅逐之已而王師踵至以都統兵勦平之寶祐六年戊午宜黃南嶽山前遍產靈芝

度宗咸淳七年辛未春郡大飢命官賑貸

恭宗德祐元年乙亥十一月壬午元兵至隆興制置使黄萬石棄撫州遁走辛卯元兵趨撫州都統密佑逆戰敗死之乙未通判施至道以城降二年丙子六月吴浚聚兵于廣昌復宜黄諸邑

元世祖至元十三年丙子七月樂安寇數千詐稱勤王兵刼掠崇仁監邑孫廷玉請帥府兵討平之十四年丁丑崇仁民羅辛二等聚衆爲亂入殺邑令焚縣治文廟去孫廷玉仍導帥府兵屠之二十七年庚寅七月撫州水溢漂没民居

成宗元貞元年乙未六月江西諸路大水民乏食命

有司賑之

武宗至大元年戊申九月江西諸路飢復大疫死者枕籍

文宗天曆二年己巳旱自五月至八月不雨三年庚午大飢有田之家盡室殍死

順帝至元二年丙子大旱自春歷秋不雨至正十二年壬辰閏三月紅巾賊徐壽輝遣僞將攻撫州不克轉掠諸邑焚蕩幾盡夏四月臨川賊鄧忠宜黃賊涂祐各起攻陷城邑十三年臨川民胡志學鄧和崇仁民杜四熊三劉世英等作亂各樹將校攻

掠朝命廉訪使吳當兵部尚書黃昭招捕之十六年丙申冬十月有星從東南流色如火芒如彗墮地有聲久之化爲石狀如狗頭十八年戊戌五月陳友諒兵陷撫州執監郡完者帖木兒十九年己亥六月新淦寇鄧克銘據崇樂安仁盜王溥據金谿友諒以克銘爲右丞遂據撫州二十一年辛丑

皇明攻破陳友諒兵克銘請降既而携貳總兵鄧愈等襲擊之遂棄妻子遁走愈調建昌元帥孫榮鎮之二十二年壬寅四月江西降將康泰祝宗叛戰敗奔撫州孫榮失守城市爲虛右丞胡廷瑞招泰

降之宗走新建死二十七年丁未十月丁卯歲星
太白熒惑聚會於斗是歲元亡江南郡縣悉歸一
統矣
皇明永樂五年丁亥宜黃大疫六年戊子亦如之十
三年乙未疫復大作民死過半
宣德二年丁未大疫九年甲寅樂安賊曾子良倡亂
據大盤山官軍討平之
成化二年丙戌宜黃大飢十年甲午大水二十年甲
辰水溢害稼二十二年丙午大飢
弘治十八年乙丑九月十三日地震居民房屋皆有聲

正德元年丙寅正月朔旦日食甚三年戊辰金谿境内天雨黑子如豆四年己巳郡大飢穀價騰湧五年庚午秋地震甚冬天雨黑子如黍後閩廣賊分道寇樂安宜黄並受其害六年辛未正月地震甚臨川東鄉盜徐仰四艾茹七等作亂殺官兵總制都御史陳金以所調狼土軍討平之正德八年癸酉降寇復作亂謀攻新邑兵備副使胡世寧討平之七年壬申郡城災自北抵南燬民居過半九年甲戌八月初二日壬辰日食晝晦如夜牲畜奔竄十三年丁丑夏旱境内地震十三年戊寅有星隕

于東邑西北其聲殷殷如雷十四年己卯夏大水
秋宸濠及東鄉餘孽乘變復起流刼郡縣金谿典
史李鳳統衆禦之為賊所害并殺官兵三百餘人
嘉靖二年癸未金谿縣火自南市中市歷北市民居
皆焚延及譙樓吏舍諸廨宇三年甲申金谿境内
隕雹殺稼四年乙酉閏十二月乙卯朔日有食之
六年丁亥五月丁丑朔日食七年戊子五月辛未
朔又食八年己丑夏五月大水漂民廬舍物畜蔽
江而下冬十月癸亥朔日食甚十二年癸巳八月
辛未朔日食十五年丙申冬虎入南門外市中大

衆持鎗挺驅之輿衆鬭折鎗挺傷數人咆哮躍出
稻入上橋寺溝中衆鎗殺之十九年庚子夏大飢
斗米銀二錢民采菌以爲食二十一年壬寅正月
内虎入金谿縣治傷數人而去三月大風拔木秋
七月巳酉朔日食既時晴空無雲忽晦暝星見二
十二年癸卯四月初八日境内地震二十三年甲
辰宜黃崇仁樂安俱大疫二十四年乙巳郡大飢
民掘白土雜米屑食之多殍死者夏五月壬戌朔
日有食之宜黃大旱蝗食禾苗明年大飢二十八
年巳酉三月辛未朔日食既五月朔日雨雹于金

谿境大如雞子二十九年庚戌宜黃東北隅大火比屋皆焚三十年辛亥三月民間訛言大軍至各挈家逃竄有自經溺棄子女于道者諭之不止數月始寧三十二年癸丑正月戊寅朔日有食之時陰雨倏晦如夜自秋歷冬恒暘不雨井泉盡涸郡南鄙紙營陳氏牛觸岸崩得一古銅鬲土氣薄蝕鑛戾盡去惟存精華高二尺六寸耳六寸身尺三寸半足七寸半腹從徑尺有八寸横贏二寸張右丞巖識之謂劉原父先秦古器記李伯時呂與叔考古圖趙德夫纂古今石刻吳儀圖所藏三代器未有如此

之大者臨川有岑氏者游谿中見二白石如蓮實自相馳逐獲歸寘篋中夜夢二白衣美女來侍覺取石結衣帶中後至豫章波斯胡知其有寶索視以錢三萬市之二事俱祥瑞類舊志無歲月故附于此

論曰古今災祥夥矣不著著其於本郡有關涉者爾或曰此漢儒事應之謬也然洪範休咎徵諸人事而省月省日卿士師尹與焉豈其無事應哉槩以為謬如鄭夾漈諸說是天人不相涉矣記曰人者天地之心夫人為天地之心則天地為人之體心體果不相涉者耶

（清）許應鑅、朱澄瀾修　（清）謝煌等纂

【光緒】撫州府志

清光緒二年（1876）刻本

雜類志

祥異壽民壽婦五世同堂附

漢

永平八年十月壬寅晦日食旣在斗十一度臨川舊志

永元五年九月太白在南斗魁中同上

元興元年四月辛亥有流星起斗東北同上

元初四年九月太白入南斗口中同上

永和二年八月熒惑入犯南斗四年七月又犯同上

熹平元年十月熒惑入南斗中同上

三國魏

黃初六年十一月太白晝見南斗遂歷八十餘日恒見臨川舊志

正元元年十二月白氣出南斗側廣數尺長竟天同上

吳

赤烏十三年五月熒惑逆行入南斗臨川舊志

太平元年九月太白犯南斗同上

晉

太康八年九月有星孛於南斗長數十丈十餘日沒臨川舊志

太安三年正月朔日犯太白入南斗九月太白入南斗同上

永興元年九月太白入南斗通志引晉書志

永嘉三年鎮星久守南斗臨川舊志

太興元年七月太白犯南斗九月又犯二年臨川郡蝗三年天鳴東南有聲如風水相薄十二月己未太白入月在斗同上

咸和六年正月月入南斗八年三月亦如之同上

咸康二年九月太白入南斗同上

永和間月犯南斗者四太白犯斗者三同上

興寧三年七月月犯南斗同上

寧康七年十一月太白晝見在斗十一年三月客星出南斗至六月乃沒十八年臨川郡東興縣溪傍白銀木芳靈木李木竝連理十九年十二月太白合歲星在斗同上

隆安五年天鳴東南六年又鳴同上

義熙元年天鳴同上

宋

文帝初爲宜都王臨川人獻王萍實六子大者如斗小者如鶴卵圓而赤初莫有識者以問長史王華曰此萍實也宣尼所謂王者之應宋祚當卜年六百頃之宜都王即位渚宮故事

元嘉二十四年春二月壬午臨川王第梨樹連理臨川王煜以聞豫章書

孝建二年五月熒惑入南斗舊志三年三月庚子白鹿見臨川郡西豐縣四月丁亥臨川郡宜黃縣民於田中得銅鍾七日內史傅徽以獻通志是年又有龍見舊志

大明六年八月月入南斗魁中七年二月月犯南斗第四星入魁中宋書天文志

齊

永明三年臨汝縣有白雀見舊志

梁

天監元年八月熒惑入南斗十四年十月太白犯南斗舊志

普通六年三月歲星入南斗同上

大同五年十月彗出南斗指東南長丈餘同上

陳

永定三年九月月入南斗舊志

天嘉三年月犯南斗四年九月太白入南斗同上

至德元年天東南有聲如蟲飛　同上

隋

大業三年三月熒惑逆行入南斗色赤芒大而長九年五月火星又入南斗十二年九月枉矢出北斗魁委曲蛇形注於南斗　舊志

唐

武德元年九月太白入南斗　舊志

顯慶五年二月熒惑入南斗六月復犯之　同上

登封元年三月壬寅撫州城大火　同上

開元十三年撫州三脊茅生　豫章書　二十二年十二月朔日食在斗十三度二十七年七月熒惑犯南斗　舊志

天寶初載臨川民李嘉允所居柱上生靈芝 舊志

乾元元年五月月入南斗魁中 同上

大歷二年九月熒惑犯南斗十年歲星熒惑合於南斗 同上

貞元十四年四月江西諸州溪澗魚頭皆戴蚯蚓十九年

三月熒惑入南斗色赤如血 同上

元和三年秋撫州大旱四年旱自正月不雨至於六月九

月癸亥太白犯北斗七年五月暴水平地深至四丈九

年秋大水害稼七月太白入南斗至十月乃晝見熒惑

又入斗中因留犯之十年八月月入南斗魁中十三年

熒惑入斗因逆留至於七月乃東行十四年正月月犯

南斗魁中 同上

長慶二年三月歲星熒惑合於南斗同上

寶歷元年秋月大旱同上

乾符六年歲星入南斗魁中同上

文德元年七月丙午月入南斗同上

景福元年十一月有星孛於斗牛同上

光化二年鎮星入南斗三年十月太白鎮星合於斗同上

天復元年鍾傳圍撫州州城災三年丙戌太白在南斗至

明年正月遂高十丈光芒甚大同上

後唐

天成元年七月乙未月犯太白乙丑入於南斗魁自後入

南斗者二犯之者二舊志

南唐

昇元間甘露降於郡城仙臺觀之松樹上舊志

後晉

開運元年月入斗者三熒惑入者一太白犯者一舊志

後漢

天福乾祐間月犯南斗者二入之者一舊志

後周

顯德三年正月有大星出南斗東北流丈餘滅舊志

宋

建隆三年十二月月入南斗魁舊志

開寶九年九月又犯之同上

太平興國五年崇仁樂侍郎宅傍池中有巨蟒突睛炯炯鱗甲爪距燦然如金雷雨大作乘雲直上正侍郎登第日也遂以化龍名池崇仁志

雍熙二年十二月丁巳太白鎮星歲星合於南斗魁臨川舊志

端拱二年鎮星熒惑合於南斗同上

至道三年丁酉金谿得金山一座州守獻之重三百七十餘兩金谿志

咸平二年正月月入南斗魁十月太白入南斗三年郡學前王右軍墨池水色變黑如雲時以爲人文盛之兆後晏王諸公相繼拜相四年正月丙寅太白晝見在斗五年三月丙午有星晝出至南斗流赤光丈餘七年州修

天慶觀解木有文如墨畫雲氣峯巒人物衣冠之狀臨川舊志

景德元年江西諸路饑遣使賑之二年六月月入南斗三年州守獻白烏詔罷免歲貢同上

祥符六年四月甲長月犯南斗同上

天禧二年正月又犯斗距星四年二月掩南斗魁五年臨川溫泉湮涸忽流湧民沐浴者有疾皆愈同上

仁宗朝月犯斗者五太白犯者二同上

慶曆四年甲申五月金谿得生金山重三百二十四兩金谿志

嘉祐間臨川戰坪里得金山重二十餘斤知州事王周獻

於朝臨川舊志

熙寧元年撫州獲白兔六年七月太白犯南斗距星同上

元豐元年四月庚申月入南斗同上

大觀三年己丑旱自六月不雨至於十月同上

宣和三年正月戊申熒惑犯南斗同上

建炎十九年八月戊午月入南斗豫章書

紹興二年壬子甘露降於州之祥符觀知州事高衛爲圖

上之三年七月月入南斗行魁中四年甲寅自夏至秋

大水五年正月太白鎮星合於南斗六年春郡大饑殍

死甚衆流盜起十年薦饑人食草木舊志十四年甲子撫

州獻瑞粟一本八穗一本九穗豫章書十五年嘉禾生一

本九穗郡守晁謙之乞宣付史館十九年七月戊申熒惑入南斗八月月入南斗二十九年諸縣螟三十年又螟舊志

乾道七年辛卯江南饑民皆流徙八年大無麥禾九年郡大旱舊志

淳熙七年大旱九年旱詔常平義倉米四十萬石付諸司備賑十三年十四年俱旱十五年六月郡大水圮民廬同上

慶元二年有犬如人坐於郡守治事之座後守臣林廷章卒於官六年郡大水壞民廬害田稼同上

嘉泰二年壬戌郡邑水害苗稼四年春郡大饑殍死者不

可勝瘞同上

嘉定元年大蝗四年十月撫州火十四年大旱同上

紹定二年江右苦旱同上

咸淳三年夏五月有星孛於南斗上猶縣志七年春二月淮浙江西大饑命官賑貸知撫州軍黃震勸分有方全活甚衆綱鑑會編

元

至元二十五年戊子秋九月庚子熒惑犯南斗上猶縣志二十七年七月撫州水溢漂没民居舊志二十八年撫州饑豫章書

元貞元年乙未六月江西諸路大水民乏食命有司賑之

舊志

大德二年崇仁新陂村有星隕於地爲綠色圓石縣志七年

九月辛未熒惑犯南斗上猶縣志九年夏六月撫州臨川大

水豫章書

至大元年戊申九月江西諸路饑復大疫死者枕藉舊志

天歷二年己巳郡大旱自五月至八月不雨三年大饑有

田之家盡室殍死同上

至正二年丙子郡大旱自春歷秋不雨十六年冬十月有

星從東南流色如火芒如曳彗隕地有聲久之化爲石

狀如狗頭二十七年十月丁卯歲星太白熒惑聚會於

斗是歲元亡同上

明

宏治十八年乙丑九月十三日地震居民房屋皆有聲舊志

正德三年戊辰金谿天雨黑子如豆縣志四年郡大饑穀價騰湧五年秋地震甚冬天雨黑豆子如黍六年正月地震甚臨川東鄉盜徐仰四艾茹七等作亂尋建東鄉縣七年郡城災自北抵南燬民居過半十二年丁丑郡大旱境内地震十四年正月朔大雷雨崇仁華蓋山頂崩縣志夏大水臨川舊志

嘉靖三年二月崇仁劉最家生靈芝七月復生金谿隕雹殺稼縣志八年夏五月大水漂民廬舍物畜蔽江而下十五年冬虎入府治南門外市中大衆持鎗梃驅之與衆

鬭折鎗撻傷數人咆哮躍出陷入上橋寺溝中衆鎗殺之十九年夏大饑斗米銀二錢民采菌以爲食二十一年正月虎入金谿縣治傷人縣志三月大風拔木時晴空無雲忽晦暝星見二十二年癸卯四月初八日境内地震二十四年郡大饑民掘白土雜米屑食之多殍死者三十年三月民間訛言大軍至各挈家逃竄有自經溺棄子女於道者諭之不止數月始甯三十一年冬金谿地震縣志三十二年自秋歷冬恒暘不雨井水盡涸臨川舊志三十九年春二月撫州雨雹如石四十年五月撫州見日光相盪通志

隆慶二年戊辰郡大旱民饑三年天雨黑子如黍舊志

萬歷八年庚辰郡大旱十五年祟仁二都石莊嘉禾一本九穗縣志十六年大水大饑十七年春旱五月不雨大饑秋大疫十八年大饑三十年壬寅清明日金谿雨雹大如雞子縣志三十一年地震三十六年大水四十年秋有彗星出直靈谷山首一星大與金木同尾噴小星萬數如帚臨川舊志

天啟元年郡大火燬民居三之一同上

崇禎四年七月地震九年旱大饑十三年庚辰六月宜黃見東南天裂丈餘其中如金在冶縣志十四年大饑十五年大疫臨川舊志

國朝

順治四年春丁巳郡大水大饑斗米銀八錢餓殍載道流亡數萬人夏秋大疫屍相枕藉死數萬人十年癸巳夏六月炎日正中金谿境内忽下大雪以衣盛之儼然六出也如是者數月縣志十二年乙未六月宜黄雨雪縣志十六年己亥十二月臨汝宜黄每夜有火光照徹郊野光燄中遥見人影皆驚爲大盜遂設臺瞭望鳴金終夜至次年暮春始滅臨川舊志

康熙元年壬寅祥雲見於金谿東南三年臨川訛傳新鹽雜砒霜食即死老稚有恙輒云鹽毒民多食淡半載方息七年六月地有聲金谿黑水湧地如泉縣志是年忽傳鷺毛孔中生有小蟲食之必死四鄉宴會俱廢宰割九

年十二月大雨雪積四十餘日河冰可渡民多凍死十年大旱五月至八月不雨泉澗皆涸赤地千里十一年春大饑民采蕨以食多饑死官司給粟賑之十三年四月閩寇陷城十八年秋大旱十九年夏五月大風自北而南城内棟宇動搖吹仆府學前石建坊是歲有年四十二年旱四十三年饑斗米錢二百文五十二年冬雨木冰喬木盡折道不可行臨川舊志

雍正八年庚戌金谿縣民謝叔恭妻徐氏一產三男縣志十年壬子六月蟲時旱稻將收未實有蟲小如蚋色或青或絳善躍附稈而處一稈至數百禾盡槁自是連歲被其害十一年五月郡大水陂堰盡決臨川西北鄉及崇

仁樂安尤甚臨川舊志

乾隆十三年府城内大風石坊吹仆三十年夏大饑民多食土三十四年樂安麥姓一産三男五十五年七月大水臨川舊志五十七年壬子五月朔宜黃仙六都外洋人家堂屋中地水涌溢池魚皆躍上岸夜半山崩里外壓斃居民數十家縣志

嘉慶九年六月大水宜黃漂沒百餘戶十一年冬十月金谿地震十九年甲戌十二月東鄉民訛言官查禁私硝停棺皆鋸驗於是淹柩淺厝葬埋殆盡縣志二十一年四月大水二十三年春東西鄉橫過數十里雷迅風烈雨雹大如拳牆傾瓦裂大木盡折二十五年庚辰元旦雷

樂安游氏女春桃年十五化爲男身旋沒
道光元年辛巳大有年十二月金谿民邱藹周妻張氏一產三男縣志二年五月樂安五色雲見縣志五年乙酉春二月雨雹七年丁亥五月東鄉民訛言蟲食禾其神俟看燈戲畢乃回於是沿村張燈盛於上元辛卯郡大水十四年郡大水十五年乙未郡境蝻子生滿山谷至次年三月盡死縣志
咸豐二年四月初三夜見火光無數自東南來繞郡城至西鄉仙桂峯麓始散三年癸丑六月郡大雨兼旬禾穀並芽次年春民饑五年乙卯五月金谿境豺狼甚多縣志
臨川北鄉章坊村民清晨出汲見井黑煙湧出如市肆

炊爆炭然觸鼻作硝磺氣歷一晝夜乃滅十一月鄉村塘水沸起數刻各縣皆同六年丙辰二月髮逆據府城屬邑皆陷七年丁巳十月臨川北鄉郭堆村門首兩塍塘相距十數武時天旱兩塘水忽湧高數丈如鬬狀食頃乃已八年戊午四月官兵恢復府縣城蝗復四起旋遇雨死十年庚申七月二十三夜臨川北鄉有火光自西而東照耀如日十一年粵匪竄撫經照處悉被焚燬

同治元年壬戌元旦雷冬月木稼樹木多枯三年甲子正月大雪喬木僵仆河魚有凍死者五月流賊據金崇宜東四縣刈民禾乃去四年乙丑元宵雷雨尋大雪民饑

饉官發白鏹賑四縣災民八年己巳元旦雷鳴四月郡大水漂民廬舍破堤壋害田稼九年庚午二月二十四夜雷聲隆隆歷一時久次日晝晦雨雹大如盌臨川樂安招攜墟諸地屋瓦盡裂林鳥多斃三月文昌橋傾陷兩墩溺死二十餘人

壽民壽婦及五世同堂附

明

臨川黃伯逼年百有五歲萬歷四十年給銀建仁壽坊

金谿張鋐銘年及百齡建坊旌之縣志失載年號

戴自然年百有七歲天啟中建仁壽坊

宜黃許崇顯年登百歲縣志失載年號

東鄉王靖萬歷間年百歲知縣孫京振給額旌之同族王
佩王叔甯王騏均年登百歲
揭德義正德間年百歲題請建坊
臨川黃應聘妻方氏年百歲巡方旌其門
金谿郎中江貴妻彭氏年百歲宏治間旌其閭
陶生妻徐氏年百歲天啟中知縣崔奇觀旌之
諸生張樵叟妻林氏年百歲縣志失載年號
崇仁陳黍妻方氏年百有四歲縣志失載年號
甘朝祿妻羅氏年九十九歲
國朝
臨川李孝洊例貢生年七十一歲嘉慶元年奉 恩詔與

千叟宴給銀牌等物

黃瑛年百歲舊志失載年號

廖上達年百有一歲乾隆五十九年題請　旌表建坊

邱坤伯年百有五歲雍正十三年題請　旌表建坊

洪騰萬年百歲題請　旌表

張義行年百歲咸豐四年知縣馬永熾贈以額

金谿陳時舉年百有二歲知縣贈額旌獎縣志失載銜名

周捷舉年屆百齡縣志失載年號

陳有猷乾隆五十八年年百有五歲給銀建坊

戴仕振嘉慶二十一年年百有二歲

蔡端若乾隆三十年年百歲　旌表建坊

吴紫登年登百歲縣志失載年號

吴象斌年百歲道光間知縣吴秉權給額奬之

崇仁王以慶年百歲康熙間督學王思訓給額旌之

米山儒年百歲嘉慶三年題准建坊

宜黄戴方連年百二歲題旌縣志失載年號

喬世贊年百歲乾隆二十七年題旌

黄日和年百歲

洪日暉邑庠生年百二歲學憲董旌以額

李希照年百歲知縣王給匾

歐陽盛年九十九歲

李自珍年百有七歲

侯祥基年百六歲

黎玉雲年百歲

東鄉周上達年百歲乾隆四十一年請　旌建坊

艾廷茂年百有一歲題請　旌表建坊縣志失載年號

王啟年百歲馮夔龍太史贈以額

梁華林同治六年年九十九歲知縣李士棻旌以額以上壽民

臨川張承祿妻官氏年百有六歲乾隆二十七年知縣錢浩然旌以額

黃廷臣妻年百歲　旌表建坊縣志失載年號

饒時懋妻王氏年百二歲乾隆三十八年題請　旌表

曰貞壽之門

龔聖戒妻黃氏年百有三歲乾隆四十一年題請　旌

表

金谿楊正吾妻彭氏年百歲郡邑上其事請　旌縣志失載年號

潘禹明妻黃氏乾隆五年年百二歲知縣葉重熙獎以

額

朱勝生妻米氏乾隆二十二年年百歲知縣平聖臺爲

請　旌表

艾長祺妻胡氏乾隆二十六年年百有二歲

艾藝鍾妻彭氏年百有五歲

蔡君錫妻張氏年躋百齡陳方伯奉茲爲作詩

江亦贊妻高氏年百有三歲乾隆五十九年知縣龍澍
爲請　旌表
鄒九上妻黄氏嘉慶三年年百歲
庠生徐璧妻吴氏年十八守節壽至百歲
車學清聘妻鄭氏既字而學清久客無音耗鄭遂守貞
詳貞女嘉慶十六年族人爲立繼請　旌得年百歲重
請建坊
王佑登妻周氏二十七歲守節年登百歲知縣平聖臺
旌以額
馮衡山妻周氏道光間年登百歲
吴鳳來妻王氏年九十九歲

崇仁曾恭羨妻艾氏年百歲歐陽太史健贈以額

夏廷橋妻王氏年百有三歲乾隆甲戌年題准建坊

邑庠劉彩妻鄧氏年百有三歲乾隆己卯年題准建坊

鍾聯成妻聶氏年百歲乾隆甲午年題准建坊

劉自勝妻楊氏年百歲乾隆甲午年題准建坊

黃煒妻張氏年百有二歲

陳愷妻歐陽氏雍正戊申年百有四歲

陳一妻吳氏年二十二歲守節壽百有一歲

宜黃庠生劉用章妻羅氏十九歲守節年百有一歲乾隆

五十四年題請　旌表

歐陽大佑妻黃氏年百有二歲題請　旌表

監生洪振韶妻黃氏年百歲嘉慶辛酉題請 旌表

監生熊之翰妻李氏年百有三歲乾隆五十八年題請

旌表

羅鐸五妻鄒氏年百有二歲

李滋八妻劉氏年百十有六歲

黃兆騰妻謝氏年百有三歲

進士黃大德妻徐氏年百歲

侯祥基妻何氏年百歲

李紹東妻黃氏年百歲知縣王尙廉贈以匾

李國輔妻邱氏年百歲

李國棟妻譚氏年百歲

吳應元妻歐陽氏年百歲

登仕郎吳學暄妻鄒氏年百歲

彭胥二妻丁氏年九十有九歲

張英含妻許氏現年百歲

東鄉五少崖妻周氏二十七歲守節年百有八歲

邑庠王季諾妻楊氏年九十八歲以上壽婦

臨川熊珍嘉慶五年年八十二歲五世同堂　恩賜匾曰

眉壽延慶

封職萬廷楧嘉慶十八年年七十歲親見七代五世同

堂　恩賜匾曰七葉衍祥

貢生陳夢桐嘉慶二十四年年八十二歲五世同堂

恩賜匾曰眉壽延慶

貢生紀庭芳乾隆己酉年年九十歲妻花氏年九十二歲親見七代知縣李錫百贈以額曰五世同堂

汪錦江嘉慶三年年七十六歲五世同堂　恩賜八品冠帶匾曰遐齡綿慶

監生吳希文道光七年年七十二歲親見七代五世同堂　恩賜匾曰七葉衍祥

職員官起瞻道光十三年年八十八歲五世同堂呈報請　旌

傅東漢道光二十二年年八十八歲五世同堂呈報請　旌

熊啟藩咸豐元年年七十九歲五代同堂呈報請　旌

監生徐豐咸豐四年年八十四歲妻楊氏年八十三歲

五代同堂呈報請　旌

監生陳中和妻李氏道光九年年八十二歲五代同堂

恩賜銀緞匾曰眉壽延慶

周殿元妻范氏道光十七年年七十六歲五代五堂呈

請　旌表

李輝蘭妻鄧氏道光十七年年八十一歲五代同堂呈

請　旌表

林瑜融妻鄧氏道光十八年年登百歲五代同堂呈請

旌表

許星煥妻劉氏道光二十三年年八十八歲同代五堂
呈請 旌表
章勳上妻劉氏道光二十四年年七十六歲五代同堂
呈請 旌表
監生黃兆芳妻程氏道光二十五年年八十一歲五代
同堂呈請 旌表
廖國璜妻謝氏道光二十六年年八十五歲五代同堂
呈請 旌表
唐華妻傅氏同治四年年九十二歲五代同堂呈請
旌表
鄒庠傅光維妻余氏同治八年年八十歲五世同堂

恩賜銀鍛匾曰眉壽延慶
吳奇生妻黃氏乾隆五十七年年九十二歲五代同堂
恩賜匾曰黃耇繁衍
監生鄧碧桃妻龔氏嘉慶十一年年九十六歲五代同
堂　恩賜匾曰黃耇繁衍十五年年百歲奏請　旌表
建坊曰貞壽之門
監生熊琳妻邱氏嘉慶十七年年七十八歲五代同堂
恩賜匾曰遐齡綿瓞
邑庠游寅之母徐氏嘉慶十九年年九十一歲五世同
堂　恩賜匾曰黃耇繁衍
曾性傳妻單氏道光三年年八十九歲五世同堂呈請

旌表

職員鄧經妻婁氏道九三年年七十七歲五代同堂呈

請　旌表

金谿庠生王瑤碧道光年間年八十七歲五世同堂　恩

賜匾曰七葉衍祥

職銜江咏唐咸豐年間年八十七歲五世同堂　恩賜

眉壽延慶之額

周嘉謨妻李氏乾隆五十八年年百歲五代同堂知府

邵洪表其閭

劉宗文妻龔氏嘉慶十六年年百歲五代同堂呈請

旌表

武職何文選妻陳氏年九十六歲五代同堂

張碧軒妻彭氏年八十六歲五代同堂縣志失載年號

詹仲昭妻胡氏道光六年年八十一歲五代同堂題詩

旌表

張公秀妻周氏道光年間年八十五歲五代同堂知縣

吳炳權旌以額

監生陳經圜妻劉氏道光年間五代同堂署知縣曹人

傑額表其閭

監生王文傑妻魏氏咸豐辛亥年年九十歲五代同堂

恩賜眉壽衍慶額

監生胡朝秉副室檀氏道光年間年八十八歲五代同

堂翰林李本榆贈以額

聶俊明妻張氏咸豐壬子年年九十一歲五代同堂學使張芾旌以額

胡對揚妻張氏年九十四歲五代同堂縣志失載年號

詹禮昭妻鄧氏嘉慶間年八十五歲五代同堂知縣萬國榮贈以額

崇仁楊文智乾隆辛卯年年九十三歲五代同堂題請旌表

王炯六妻彭氏乾隆丙午年年百有三歲五代同堂題請　旌表

山西磴口運判李紅道光六年年八十二歲五世同堂

題請　旌表

例貢黃杰妻阮氏道光二十一年年九十歲五世同堂

題請　旌表

宜黃庠生許子將年九十二歲五世同堂題請　旌表縣志

失載年號

監生黃尚絅五世同堂嘉慶七年題請　旌表

監生吳師夔嘉慶十四年年八十五歲五代同堂題請

旌表

羅克立五世同堂嘉慶五年題請　旌表

周和嘉慶三年年九十五歲五世同堂題請　旌表

李步崇五世同堂題請　旌表

陶體縉年九十一歲五世同堂題請 旌表

管意誠年九十六歲五世同堂題請 旌表

黃應遠年九十二歲五世同堂題請 旌表

鄧安瓊年八十歲五代同堂

鄧以文五代同堂

余猷詔五世一堂

吳仕俊五世同堂

吳綸章仕俊子五世同堂

傅興連年九十八歲妻劉氏年九十歲五世同堂

監生余嘉昇年八十三歲五世同堂

監生余嘉興年八十三歲五世同堂

監生余東昇年八十五歲五世同堂

監生羅天祥年八十餘歲五世同堂

監生陳開紋現年八十歲五世同堂

例貢吳際昌年八十二歲五世同堂

鄉賓鄧邦智年八十三歲五世同堂後督聯守卡被戕

　恩給雲騎尉世職

監生謝芳鄰年八十三歲五世同堂

儒士鄒獲野現年八十七歲五世同堂

監生黃文捷年八十九歲五世同堂

吳懿杲年九十一歲五世同堂

吳益川懿杲孫年九十歲五代同堂

監生謝家樹年八十三歲五代同堂以上縣志均失載年號

吳章程道光六年年九十歲五世同堂題請　旌表

邑庠吳麟章程幼子咸豐七年夫婦八旬五代同堂

會岐山妻張氏五世同堂嘉慶十七年題請　旌表

監生黃如芽妻熊氏嘉慶十五年年八十五歲五世同堂題請　旌表

監生余彩妻鄧氏道光十三年年九十五歲五世同堂題請　旌表

封職陳國森妻黃氏乾隆五十二年年九十二歲五代同堂題請　旌表

學士謝階樹妻吳氏同治九年年九十一歲五代同堂

監生黃程妻黎氏五代同堂道光二年題請　旌表
胡鍾山妻節孝黃氏五代同堂題請　旌表
監生黃家棟妻謝氏年八十七歲五世同堂給事曾蘭
枝贈以匾
余元淑妻鄒氏五代同堂
邑庠鄒濯纓妻陳氏年九十二歲五世同堂知縣丁湛
錫旌以額
吳中孚妻曾氏年七十九歲五世同堂
余漢卿妻節孝張氏年九十三歲五世同堂
鄒甫有妻紀氏年九十歲五世同堂
余廷玉妻鄒氏年九十三歲五世同堂

梅人淑妻黃氏五世同堂

游世明妻涂氏年九十三歲五世同堂

許敬周妻鄧氏五世同堂

唐太八妻李氏年九十六歲五代同堂

鄧克成妻唐氏年九十六歲五代同堂

監生吳紹南妻黃氏年八十六歲五代同堂

州同侯洄瀾祖母袁氏五代同堂

州同侯洄瀾母彭氏五代同堂

廖明成妻劉氏年百歲五世同堂

教諭歐陽維岷妻吳氏年九十二歲五代同堂

廖思宸妻洪氏年八十五歲五世同堂

應鶚妻白氏年九十二歲五代同堂
監生黃光宇妻鄧氏五代同堂
鄒景浩妻應氏年九十六歲五代同堂
席洪猷妻鄒氏年九十歲五代同堂
謝科六妻徐氏年九十四歲五世同堂以上縣志俱失載年號
監生吳尚恭妻涂氏道光五年年八十五歲五代同堂
東鄉周威雍正二年年百歲五世同堂題請　旌表
夏英俊年九十六歲五世同堂
楊鼐年九十四歲五世同堂
王益來年八十三歲五世同堂縣志失載年號
何師默同治七年年百歲五世同堂知縣王維新旌以

額

貢生樂沛然妻李氏年八十三歲五世同堂以上五代同堂

金谿周　妻傅氏光緒元年年八十三歲五世同堂

恩賜七葉衍祥匾　賞緞一疋

【同治】臨川縣志

（清）童範儼修　（清）陳慶齡等纂

清同治九年（1870）刻本

臨川縣志卷十二

地理志

祥異

豐年之樂如上春臺陰陽嶳伏夏雪冬雷側身修德天意潛回堯湯水旱有不爲灾維皇建極降福孔皆多男多壽家慶圖開

漢

永平八年十月壬寅晦日食既在斗十一度舊志

永元五年九月太白在南斗魁中同上

元興元年四月辛亥有流星起斗東北同上

元初四年九月太白入南斗口中同上

永和二年八月熒惑入犯南斗四年七月又犯同上

熹平元年十月熒惑入南斗中同上

三國魏

黃初六年十一月太白晝見南斗遂歷八十餘日恒見舊志

正元元年十一月白氣出南斗側廣數尺長竟天同上

吳

赤烏十三年五月熒惑逆行入南斗舊志

太平元年九月太白犯南斗同上

晉

太康八年九月有星孛於南斗長數十丈十餘日沒舊志

太安三年正月朔日犯太白入南斗九月太白入南斗同上

永興元年九月太白入南斗通志引晉書志
永嘉三年鎮星久守南斗舊志
太興元年七月太白犯南斗九月又犯二年臨川郡蝗三年天鳴東南有聲如風水相薄十二月已未太白入月在斗同上
咸和六年正月月入南斗八年三月亦如之同上
咸康二年九月太白入南斗同上
永和間月犯南斗者四太白犯斗者三同上
興寧三年七月月犯南斗同上
寧康七年十一月太白晝見在斗十一年三月客星出南斗至六月乃沒十八年臨川郡東興縣溪傍白銀木芳

靈太李木竝連理十九年十二月太白合歲星在斗同上
隆安五年天鳴東南六年又鳴義熙元年又鳴同上
按星變據分野舊說南斗魁第四星主豫章又撫州
入斗十一度迄十二度今南斗魁中有犯者並載入

宋

文帝初爲宜都王臨川人獻王萍實六子大者如斗小者
如鷄卵圓而赤初莫有識者以問長史王華曰此萍實
也宜尼所謂王者之應宋祚當卜年六百頭之宜都王
即位渚宮故事元嘉二十四年春二月壬午臨川王第梨樹
連理臨川王煜以聞豫章書
孝建二年五月熒惑入南斗舊志三年三月庚子白鹿見臨

川郡西豐縣四月丁亥臨川郡宜黃縣民於田中得銅鐘七口內史傅巖以獻（通志）是年又有龍見（舊志）

大明六年八月月入南斗魁中七年二月月犯南斗第四星入魁中（宋書天文志）

齊

永明三年臨汝縣有白雀見（舊志）

梁

天監元年八月熒惑入南斗十四年十月太白犯南斗（舊志）

普通六年三月歲星入南斗（同上）

大同五年十月彗出南斗指東南長丈餘（同上）

陳

永定三年九月月入南斗舊志

天嘉二年月犯南斗四年九月太白入南斗同上

至德元年天東南有聲如蟲飛同上

隋

大業三年三月熒惑逆行入南斗色赤芒大而長九年五月火星又入南斗十二年九月枉矢出北斗魁委曲蛇形注於南斗舊志

唐

武德元年九月太白入南斗舊志

顯慶五年二月熒惑入南斗六月復犯之同上

登封元年三月壬寅撫州城大火同上

開元十三年撫州三脊茅生豫章書二十二年十二月朔日食在斗十三度二十七年七月熒惑犯南斗舊志

天寶初載臨川民李嘉允所居柱上生靈芝舊志

乾元元年五月月入南斗魁中同上

大曆二年九月熒惑犯南斗十年歲星熒惑合於南斗同上

貞元十四年四月江西諸州溪澗魚頭皆載蚯蚓十九年三月熒惑入南斗色赤如血同上

元和三年秋撫州大旱四年旱自正月不雨至於六月九月癸亥太白犯北斗七年五月暴水平地深至四丈九年秋大水害稼七月太白入南斗至十月乃晝見熒惑又入斗中因留犯之十年八月月入南斗魁中十三年

熒惑入斗因逆留至於七月乃東行十四年正月月犯

南斗魁中同上

長慶二年三月歲星熒惑合於南斗同上

寶歷元年秋月大旱同上

乾符六年歲星入南斗魁中同上

文德元年七月丙午月入南斗同上

景福元年十一月有星孛於斗牛同上

光化二年鎮星入南斗三年十月太白鎮星合於斗同上

天復元年鍾傳圍撫州州城災三年丙戌太白在南斗至

明年正月遂高十丈光芒甚大同上

後唐

天成元年七月乙未月犯太白乙丑入於南斗魁自後入南斗者二犯之者二舊志

南唐

昇元間甘露降於郡城仙臺觀之松樹上舊志

後晉

開運元年月入斗者三熒惑入者一太白犯者一舊志

後漢

天福乾祐間月犯南斗者二入之者一舊志

後周

顯德三年正月有大星出南斗東北流丈餘滅舊志

宋

建隆三年十二月月入南斗魁舊志

開寶九年九月又犯之同上

雍熙二年十二月丁巳太白鎮星歲星合於南斗魁同上

端拱二年鎮星熒惑合於南斗同上

咸平二年正月月入南斗魁十月太白入南斗三年郡學前王右軍墨池水色變黑如雲時以爲人文盛之兆後晏王諸公相繼拜相四年正月丙寅太白晝見在斗五年三月丙午有星晝出至南斗流赤光丈餘七年州修天慶觀解木有文如墨畫雲氣峯巒人物衣冠之狀同上

景德元年江西諸路饑遣使賑之二年六月月入南斗三年州守獻白烏詔罷免歲貢同上

祥符六年四月甲辰月犯南斗同上

天禧二年正月又犯斗距星四年二月掩南斗魁五年臨川溫泉湮涸忽流湧民沐浴者有疾皆愈同上

仁宗朝月犯斗者五太白犯者二同上

嘉祐間臨川戰坪里得金山重二十餘斤知州事王周獻於朝同上

熙甯元年撫州獲白兔六年七月太白犯南斗距星同上

元豐元年四月庚申月入南斗同上

大觀三年旱自六月不雨至於十月同上

宣和三年正月戊申熒惑犯南斗同上

建炎十九年八月戊午月入南斗豫章書

紹興二年甘露降於州之祥符觀知州事高衛爲圖上之
三年七月月入南斗行魁中四年自夏至秋大水五年
正月太白鎭星合於南斗六年春郡大饑殍民死甚衆
流盜起十年薦饑人食草木舊志十四年撫州獻瑞粟一
本八穗一本九穗豫章書十五年嘉禾生一本九穗郡守
晁謙之乞宣付史館十九年七月戊申熒惑入南斗八
月月入南斗二十九年諸縣蝗三十年久蝗舊志
乾道七年江南饑民皆流徙八年大無麥禾九年郡大旱
舊志
淳熙七年大旱九年旱詔常平義倉米四十萬石付諸司
備賑十二年十四年俱旱十五年六月郡大水圮民廬

同上
慶元二年有犬如人坐於郡守治事之座後守臣林廷章
卒於官六年郡大水壞民廬害田稼同上
嘉泰二年郡邑水害苗稼四年春郡大饑殍死者不可勝
瘞同上
嘉定元年大蝗四年十月撫州火十四年大旱同上
紹定二年江右苦旱同上
咸淳三年夏五月有星孛於南斗上猶縣志七年春二月淮浙
江西大饑命官賑貸知撫州軍黃震勸分有方全活甚
衆綱鑑會編
元

至元二十五年秋九月庚子熒惑犯南斗上猶縣志二十七年
七月撫州水溢漂沒民居舊志二十八年撫州饑豫章書
元貞元年六月江西諸路大水民乏食命有司賑之舊志
大德七年九月辛未熒惑犯南斗上猶縣志九年夏六月撫州
臨川大水豫章書
至大元年九月江西諸路饑復大疫死者枕籍舊志
天歷二年旱自五月至八月不雨三年大饑有田之家盡
室殍死同上
至正二年大旱自春歷秋不雨十六年冬十月有星從東
南流色如火芒如㦸篲墮地有聲久之化爲石狀如狗
頭二十七年十月丁卯歲星太白熒惑聚會於斗是歲

元亡同上

（明）

宏治十八年九月十三日地震居民房屋皆有舊志

正德四年郡大饑穀價騰湧五年秋地震甚冬天雨黑豆子如黍六年正月地震甚臨川東鄉盜徐仰四艾茹七等作亂尋建東鄉縣七年郡城災自北抵南燬民居過半十三年大旱境内地震十四年夏大水同上

嘉靖八年夏五月大水漂民廬舍物畜蔽江而下十五年冬虎入南門外市中大衆持鎗梃驅之與衆鬭折鎗梃傷數人咆哮跳出陷入上橋寺溝中衆鎗殺之十九年夏大饑斗米銀二錢民采菌以爲食二十一年三月大

風拔木時晴空無雲忽晦瞑星見二十二年四月初八日境内地震二十四年郡大饑民掘白土雜米屑食之多殍死者三十年三月民間訛言大軍至各挈家逃竄有自經溺棄子女於道者諭之不止數月始安三十二年自秋歷冬恒暘不雨井水盡涸舊志三十九年春二月撫州雨雹如石四十年五月撫州見日光相盪通志

隆慶二年郡大旱民饑三年天雨黑子如黍舊志

萬歷八年郡大旱十六年大水大饑十七年春旱五月不雨大饑秋大疫十八年大饑三十一年地震三十六年大水四十年秋有彗星出直靈谷山首一星大與金木同尾噴小星萬數如帚同上

天啓元年郡大火燬民居三之一同上

崇貞四年七月地震九年旱大饑十四年大饑十五年大疫同上

壽民附

萬歷四十年耆民黃伯逼百有五歲欽賜仁壽二字給銀建坊在一都黃家街舊志

壽婦方氏黃應聘妻年百歲巡方至旌其門舊志失載年號姑附於末

國朝

順治四年春大水大饑斗米銀八錢餓殍載道流亡數萬人夏秋大疫屍相枕籍死數萬人十六年臨汝四鄉每夜有火光照徹郊野光燄中遙見人影皆驚爲大盜遂

設臺燎望鳴金終夜至次年暮春始滅舊志

康熙元年旱三年邑中訛傳新鹽雜砒霜食即死老稚有恙輙云鹽毒民多食淡半載方息七年六月地震有聲是年忽傳鵝毛孔中生有小蟲食之必死四鄉宴會俱廢宰割九年十二月大雨雪積四十餘日河冰可渡民多凍死十年大旱五月至八月不雨泉澗皆涸赤地千里十一年春大饑民采蕨以食多饑死官司給粟賑之十三年四月閩寇陷城十八年秋大旱十九年夏五月大風自北而南城內棟宇動搖吹仆府學前石坊是歲有年四十二年旱四十三年饑斗米錢二百文五十二年冬雨木冰喬木盡折道不可行舊志

雍正十年六月蟲時早稻將收未實有蟲小如蚋色或青或絳善躍附稈而處一稈至數百禾盡槁自是連歲被其害十一年五月郡大水陂堰盡决縣西北鄉及崇仁樂安尤甚舊志

乾隆十三年城內大風石坊吹仆五十五年七月大水

嘉慶九年六月大水二十一年四月大水二十三年春東西鄉橫過數十里雷迅風烈雨雹大如拳牆傾瓦裂大木盡折舊志

咸豐二年四月初三夜見火光無數自縣東南來繞撫郡城至西鄉仙桂峯脚下火光漸散連三夜皆然

咸豐五年乙卯五月縣北鄉四十一都章坊村有古井村

民同取汲十七日晨起有黑烟從井裏湧出如下有數巨竈炊煤者然歷次日乃滅觸鼻作硝磺氣

咸豐七年丁巳十月縣北鄉四十二都郭堆村門首蔭塘有兩井相距十數武時天旱兩井水忽湧高數丈如觸鬬狀食頃乃已

咸豐八年四月蝗蟲滿境邑侯戴榮桂懸賞格購民捕之不十日大雨如注餘孽皆盡

咸豐十年庚申七月二十三夜縣北鄉有火光自西而東經過處照耀如日十一年粵匪竄撫經照處悉被焚燬

同治元年冬月大凍木冰橘柚之屬盡冰死

同治八年四月大水漂民廬舍破堤塍害田稼

同治九年二月二十四夜雷聲隆隆歴一時久次日晝晦
雨雹縣北鄉自金雞城至雲山集屋瓦盡裂雹有重一
二觔者林間鳥雀俱斃
壽民及五世同堂附
雍正十三年邑人邱坤伯年百有一歲　旌表建坊盲
年百有五歲舊志互見人物尚義
乾隆二十七年壽婦官氏張承祿妻年百有六歲邑侯錢
浩然給扁曰壽躋百齡舊志
三十年王輝及五世同堂　勅賜扁曰眉壽延慶
三十八年壽婦王氏百五都饒時懋妻年百有二歲建
坊　旌表曰貞壽之門舊志

四十一年壽婦黃氏七都嶺上村龔聖戒妻年百有三歲建坊　旌表舊志

五十七年黃氏吳奇生妻年九十二歲五世同堂　勅賜扁曰黃耇繁衍舊志

五十九年八都廖上遠年百有一歲題准建坊　旌表曰昇平人瑞舊志

嘉慶五年熊珍年八十二歲五世同堂　勅賜扁曰眉壽延慶舊志

十一年龔氏八十一都監生鄧碧桃妻年九十六歲五世同堂　勅賜扁曰黃耇繁衍十五年年百歲　旌表建坊曰貞壽之門舊志

十七年邱氏監生熊琳妻年七十八歲五世同堂
勅賜扁曰遐齡綿瓞舊志
十八年　封武畧佐騎尉耆民萬廷榛年七十歲親
見七代一室五世同堂　勅賜扁曰七葉衍祥舊志
十九年徐氏七都帶湖村邑庠生游寅母年九十一歲
五世同堂　勅賜扁曰黃耇繁衍舊志
二十四年貢生陳夢桐年八十二歲五世同堂　勅
賜扁曰眉壽延慶舊志
道光三年單氏一都游源曾性傳妻三十七歲守節八十
九歲五世一堂又八十一都鄧坊婁氏職員鄧經妻年
七十七歲五世一堂均呈報舊志

壽民洪騰萬年百歲題請　建坊日昇平人瑞舊志互見人物志尚義

壽婦許氏黃廷臣妻年百歲　旌表建坊舊志

壽民黃璵年百歲未及請　旌以上三人舊志失載年號姑附記之

例貢生李孝汾字季文年七十一歲嘉慶元年奉　恩

詔與千叟宴　賜銀牌杖帛布疋等物舊志

紀庭芳百五都貢生乾隆己酉年九十歲妻花氏年九十

一歲親見七代邑侯李錫百賜扁曰五世一堂

嘉慶三年汪錫江年七十六歲五世同堂　欽賜八品

冠帶扁曰遐齡綿瓞

道光六年壽婦傅氏監生戴定邦妻年八十五歲五代同

堂呈請　旌表
道光七年百三都監生吳希文年七十一歲親見七代一
室五世同堂呈請　旌表扁曰七葉衍祥
道光九年壽婦李氏監生陳中和妻年八十二歲五代同
堂　勅賜銀緞扁曰眉壽延慶
道光十三年職員官起瞻年八十八歲五代同堂呈請
旌表
道光十七年壽婦范氏周殿元妻年七十六歲五代同堂
十一都壽婦鄭氏李輝蘭妻年八十一歲五代同堂均
呈報請　旌
道光十八年壽婦鄧氏林瑞融妻年登百歲五代同堂呈

報請　旌

道光二十二年壽民傅東漢年八十八歲五代同堂呈報

請　旌

道光二十三年許星煥妻劉氏年八十八歲五代同堂呈

報請　旌

道光二十四年章勳上妻劉氏年七十六歲五代同堂呈

請　旌

道光二十五年監生黃兆芳妻程氏年八十一歲五代同

堂呈請　旌

道光二十六年廖國璜妻謝氏年八十五歲五代同堂呈

報請　旌

咸豐元年壽民熊啓藩年七十九歲五代同堂呈請

旌表

咸豐四年監生徐豐年八十四歲妻楊氏年八十三歲五代同堂呈請　旌表

三十八都張坑村張義行諱應鰲咸豐四年登百歲邑侯馬永熾給以錢帛題扁曰大衍重周

同治四年唐華妻傅氏年九十一歲五世同堂呈請

旌表

同治八年壽婦余氏外北廂郡庠生傅光維之妻年八十歲五世同堂　勅賜銀緞扁曰眉壽延慶

補遺

道光十七年九十四都庠生饒本妻　氏年七十四歲五世同堂

道光二十七年八十六都饒克彰年八十二歲五世同堂

克彰子寅賓妻程氏同治五年七十四歲五世同堂

咸豐四年四十二都湖西　封武畧佐騎尉黃巨波妻陳氏八十有四親見七代五世同堂

同治九年鄒法文同妻徐氏俱年八十歲五代同堂

(清)盛銓等修　(清)黄炳奎纂

【同治】崇仁縣志

清同治十二年(1873)刻本

崇仁縣志卷十之三

雜類志

祥異

宋太平興國五年樂侍郎宅傍池中有巨蟒突睛炯炯鱗甲爪距爍然如金雷雨大作乘雲直上正侍郎登第日也遂以化龍名池後四子俱登科甲池跡在今縣治後民居內

淳祐九年正月術士徐覺善望氣言紫氣見巴華之間當有異人生至十八日鄉父老復見有物蜿蜒降於咸口里厥明壬戌吳文正公生

五十六都有巨石屹立大溪中每紅暈見石南則上方吉

見石北則下方吉自宋至今[illegible]

元大德二年新陂村有星[illegible]色圓石邑人張椿府志

作章以狀聞舊志逸見子章豫章[illegible]

明成化七年紅氣[illegible]人陳錡是年登科後屢試無

弗驗者

嘉靖元年春二月[illegible]給諫宦家柱生靈芝四月復生

先是宦[illegible]十一令慈竹一令婺源至此俱轉顯

秩七月復生碩[illegible]大弟家是年又舉鄉試明年登進士

第

萬曆十五年二都石庄嘉禾生一本九穗明年二月雷震

古樹樹皮裂痕文成及第十七年吳文恪公登進士第二

人

浯漳陳泰妻方氏壽一百四歲

王以慶四十四都人生明天啟元年辛酉至 國朝康熙

五十九年庚子卒壽一百歲督學王公師訓匾以優之

嶺下甘朝祿妻羅氏壽九十九歲子文龍年九十三歲曾

孫士貴鄉飲大賓亦年九十餘歲

一都曾恭美妻艾氏壽百歲邑庶吉士歐陽健匾曰德壽

雙貞

二十七都王燗六妻彭氏壽百有三歲五世一堂乾隆丙

戌年題准建坊

城岡夏廷橋妻王氏壽百有三歲乾隆甲戌年題准建坊

西里邑庠劉彩妻鄧氏進士軾祖母乾隆己卯年以百歲題准建坊壬午年沒壽百有三歲

一都鍾聯成妻聶氏大足縣典史鍾山母壽逾百歲乾隆甲午年題准建坊後遷居四十三都岡山坊建門牆

劉自勝妻楊氏年滿百歲乾隆甲午年題准建坊

東耆黃煒妻張氏壽百有二歲

東耆彭在雲明天啟時生　國朝雍正癸卯年九十八歲沒邑令馬有興敬禮之

楊文智西坑人職員壽九十三歲五世一堂乾隆辛亥年

題准建坊　段溪謝上紱妻陳氏年百有一歲

五十都譚正崇妻黃氏壽九十六歲知縣李本樞錫之匾

國朝陳愷妻歐陽氏生天啟乙丑歿雍正戊申壽百有四歲陳

一妻吳氏讀書曉文義於古事多所記憶年二十二守節

壽百有一歲

米山儒壽百歲嘉慶三年題准建坊

李紅山西磴口運判壽八十二歲五世同堂道光七年詳

報　賜額眉壽延慶

例貢黃杰妻阮氏道光二十一年壽九十二歲五世同堂

武畧校尉方嘉謨妻楊氏道光二十七年壽八十九歲五世同堂題准　旌表

王三重山心人五世同堂年八十五歲

戴傳宗唐臏八黃大帶坪上人俱壽一百歲

北里生員陳章彩壽九十七歲五世同堂以上俱祥

唐乾封元年三月火元和七年五月水暴漲平地深四五丈九月大水害稼

宋紹興五年秋稼盡傷明年荒道殣相望民流盜起乾道五年旱湻熙十四年旱慶元六年大水浸及簷瓦咸湻七年旱

元天曆二年自五月至八月不雨明年大饑民多莩死

明宣德六年大無麥禾饑成化二年春大風從西北來折木飛石橋屋民房多摧頹其年大饑二十年四月大水傷稼正德三年夏六月不雨渠涸稼枯四年大饑霪雨滋患民多餓莩五年秋地震冬雨黒子如黍八年夏五月不雨十二月雪深數尺層冰凍裂品彙各種幾絶十二年二月東者火自暮達曉燬千餘家十四年正月朔大雷雨水溢華蓋山嶺西角崩識者謂據堪輿家頭作隆興尾作仙之說應主江西不寧六月果有宸濠之變十五年夏旱秋澇旱晩無收冬十二月北者火文廟災燬民居五百戸十六年

四月二十四日大雷雨五十六都白鷳溪有聲如雉鳴忽起蛟山崩石裂水湧數丈人畜壓溺者無算沿溪田盡成沙石五月復大雨水溢平地四五尺居民漂溺黃洲橋毀南岸三墩嘉靖二年春夏大疫飢民無食蕨根樹皮採剝殆盡五年五月下旬至七月不雨十四年九月朔東耆火二十日復火三十日又火焚廬舍八百餘家十八年夏六月旱早禾不穗七月洪水害稼十九年夏大饑斗米銀二錢民採菌爲食三十二年自秋徂冬不雨井水涸三十九年春三月雨雹如石苗種傷四十年閏五月初旬日光相盪者三日數日流寇入境隆慶二年春夏旱早稻槁死七

月連旬雨禾不穗三年大饑邑令勸富民助賑得不害萬
歷七年秋北耆南門火延燬學宫三日方熄十六年春夏
恒雨閉糴民飢甚四月十八日亂民蜂聚搶劫署縣通判
閔公宏慶莫能制兵憲房公寰親臨執渠魁杖斃數人亂
乃息十七年大饑斗米銀二錢餘復大疫死者十之五時
雖發惠民倉數千石拯救然奉行不得其人民卒以虛賜
受困十八年五月二十五夜德平橋燬延及城樓市肆二
十六年五月荒邑令陳公瑛盡發惠民倉及社倉穀平糶
有餓莩及不能糴者日給糜粥食之縣簿張一讓亦殫心
共救歲雖饑而不害三十一年冬十月地震四十二年四

十三年饑四十六年慧星見天啟三年大風折學宮杏木

公卒吳文恪崇正元年秋北耆南門災民居數百家並學宮賓

唐書院皆燬八年旱連歲饑多疫十三年十四年饑邑令

徐公佩弦賑之飢民以蜂擁糴米致有相踐踏死者

國朝順治三年大旱禾稼絕四年春夏潦大饑斗米銀八錢民

食草根土粉復大疫死者無算六年旱七年秋水溢冬臘

月地震九年至十二年旱荐饑十三年旱羅山鳴北耆井

鳴復大水漂沒田廬衝黃洲橋石墩二南北兩城皆漫浸

數尺繼以風林木盡折屋瓦翻飛十四年大旱邑令謝公

允瓚請於上得減常賦又賑米一千石巡東道羅公森賑

米一千石餘興屯同知葉公承桃賑米二百石十五年春大水黄洲橋墩圮瘟疾作咽喉腫者輒死邑令謝公允璜爲醫藥醮禳始愈復大旱六月至九月不雨十八年火荒蒙　恩減賦康熙元年旱二月春部院董公衛國賑饑崇仁得分賑銀三十五兩邑令黄公秋允賑米四十石又發惠民倉穀二百五十餘石加賑三年至五年俱旱六年潦八年秋旱九年旱冬臘月大雪地凍行人僵斃百種盡絶十年大旱蟲傷稼并嚙草根木葉十一年春饑郡伯王公永茂賑穀二百石邑令陳公潛賑穀三百五十石是歲饑而不殍自元年至十年災傷俱蒙　恩疊減正賦雍正十

年春水及簷瓦學宮祭器俱亡黃洲橋塌其一墩十一年二月十一日復大水浸塔腳三尺五寸橋墩盡圮沒人命無數乾隆十五年大饑民多擄掠市劫行人二十一年十二月初四日黃洲橋災市肆一空三十二年除夕務前街災達旦四十三年務前街報恩寺災四十四年旱大饑五十二年六月黃洲橋復災五十三年荒合市鬨糴民多流徙六十年四月四十都二十八都溪水驟漲田廬淹沒人畜溺死以千計嘉慶五年夏大旱邑令陳公學詩禱於華蓋山乃雨七年旱災邑令羅公（攀桂）詳請緩徵十年春蛟害山多崩裂邑令羅公（攀桂）著有伐蛟說冬十一月務前

街火燒肆舍數百十三年四月大水五月至六月不雨禾稼枯死東者火自橋頭至塔下燬店數百境內地震十七年七月下旬欃槍星見於西方由北而南數月始沒二十一年春大水夏旱二十二年荒斗米錢百餘二十五年自五月至七月不雨禾枯死過半晚稻加甚至道光元年春斗米錢百文幾有錢無市村民有食土者四月初五晌午黃洲橋油火店不戒於火災全橋店房九十六間及附橋兩頭各店房十數間貨物無算斃二命一老人一女嬰五月杪平糶合邑義倉穀萬石時浮橋成得免爭渡險阨

按邑公舉有關國計縣署河北倉建河南民生頃刻不可離者黃

洲橋爲最而跨兩城之間闤闠櫛比煙火連屬又唯橋爲不可恃嘉慶十年謀修有不蓋店房之議鑒前失也橋成旣以顧惜僦資起店又歸入育嬰堂以妄費急不暇擇任橋上油火沸騰之店二十餘所亦利其租息卒遭若輩煨燼無遺費萬餘金落成數載且斃命焉雖曰天命豈非人事且謹按　奏議育嬰事宜首則建堂收養次則按月給錢蓋給錢無需建堂也吾邑於公所散給數載歷屬相安且捐有堂屋四廳廿八間僅需價典價壹百陸拾千文必棄而改建所建又房室不多僅快燕遊兩廳十間費玖百餘千並非他日收養之計則借資橋店立名以公濟公實則以公害公且

作無益以害有益也覆轍在前後來者愼之又按橋兩頭店基共四所原以斷橋火路橋成起店又典錢共柒百四十千查橋産息歲二三百千何需典價後有心人其留意焉

道光庚寅年大水辛卯尤甚衝倒黃洲橋田禾廬舍凡屬近河低處漂沒無遺道光甲午乙未兩年大旱飛蝗遍野穀價較常數倍邑紳甘揚聲首先捐錢設局收買投之鼎沸生員陳增茂職員袁章煥吳際華等除解已囊外向各富戶醵得重資建醮祈禱更於南城外沙洲立局增價廣收一時鄉民環應盈筐累担紛紛投局由是蝗漸少忽連日西風暴作蝗盡吹滅撤局後餘錢百千建劉猛將軍廟以杜孽萌後果永無蝗患咸豐三年三月大雨雹大者如盆

小者亦如拳如卵城鄉屋瓦盡毀繼以陰雨連綿各鄉禾苗盡行霉爛同治三年七月髮逆退後瘟疫盛行比戶無間其病吐瀉交作十死七八旬日之後竟市無棺木多合門板盛屍悲號之聲晝夜不絕髮逆貽禍之慘於斯爲最

同治八年五月大水山崩田陷不一處或山裂成溝或小山移坐田內樹木如故東南鄉衢倒廬舍尤多以上俱異

【同治】金谿縣志

（清）程芳修　（清）鄭浴脩纂

清同治九年（1870）刻本

雜類志二

祥異

宋

太宗至道三年丁酉得金山一座州守獻之重三百七十餘兩

按舊志作太宗醕化二十三年考醕化五年後改元至道太宗二十三年則至道三年丁酉也今改正　癸未志原按

眞宗景德元年甲辰大饑

三年丙午有白烏州守獻之

仁宗慶歷四年甲申五月得生金山重三百二十四兩

徽宗大觀三年己丑大旱六月至十月不雨

高宗紹興四年甲寅自夏至秋大水

六年丙辰春大饑殍死甚衆
十年庚申薦饑人食草木
十四年甲子邑獻瑞粟一本八穗一本九穗
十五年乙丑嘉禾生一本九穗州守晁謙之以聞詔付史館
二十九年己卯螟害稼
孝宗乾道九年癸巳大旱
醕化七年庚子大旱
九年壬寅大旱
十三年丙午旱
十四年丁未旱大饑通判廖舉陞九皐賑之
十五年戊申夏六月大水

甯宗慶元六年庚申大水

嘉泰二年壬戌水傷稼

四年甲子春大饑

嘉定元年戊辰大蝗

十四年辛巳大旱

度宗咸醕七年辛未春大饑

元

世祖至元二十七年庚寅秋七月大水

成宗元貞元年乙未大水

大德十年丙午大饑

武宗至大元年戊申饑

文宗天歷二年己巳旱五月至八月不雨

至順元年庚午大饑民多殍死

順帝至元二年丙子大旱自春至秋不雨

明

洪熙元年乙巳大饑

正統六年辛酉大饑

七年壬戌饑

景泰四年癸酉大饑

五年甲戌饑按洪熙至景泰三條前志俱不載惟見于乙酉志未知何據戊申志因之今亦姑存以備考

成化二年丙戌大饑

十年甲午大水

二十年甲辰四月大水傷稼

二十二年丙午大饑

宏治十八年乙丑秋九月地震居民房屋皆有聲

正德三年戊辰天雨黑子如豆

四年己巳大饑

五年庚午秋地震冬天雨黑子如黍

六年辛未春正月地震

八年癸酉晝晦如夜

十二年丁丑夏旱地震

十四年己卯夏大水

嘉靖二年癸未三月火譙樓科房牢獄醫學總鋪申明旌善二亭

俱焚

三年甲申隕雹殺稼

八年己丑夏五月大水

十九年庚子夏大饑斗米銀柒錢民采菌爲食

二十一年壬寅春正月虎入縣治傷人

二十二年癸卯夏四月地震

二十四年乙巳大饑

二十八年己酉夏五月朔雨雹大如雞子

三十一年壬子大饑按王志及辛未癸未志俱無此條惟見于乙酉戊申志今姑仍之

三十二年癸丑自秋至冬不雨

隆慶二年戊辰大饑

三年己巳大饑

萬歴十六年戊子饑按隆慶二年及此條前志俱無惟見于乙酉戊申志今姑仍之

十七年己丑大饑

三十年壬寅清明日雨雹大如雞子

三十一年癸卯冬地震

三十三年乙巳冬十一月地震

三十六年戊申夏五月大水

四十二年甲寅夏大饑

崇正九年丙子夏大饑

國朝

順治二年乙酉夏五月縣前井溢

四年丁亥春夏大饑秋冬大疫

六年己丑多虎患

七年庚寅冬十二月地震

八年辛卯元旦雷鳴

十年癸巳夏六月炎日正中忽下大雪仰視半空玉鱗照耀至簷前則融濕不見以衣盛之儼然六出也合邑如是者數月亦無他災惟次年疫傷十亡七八

康熙元年壬寅祥雲見於東南

三年甲辰秋慧星見逾冬始沒

六年丁未冬十二月大寒節日中大雷

七年戊申秋七月地震烈黑水湧如泉

九年庚戌大旱以上王志

十一年壬子饑民採蕨以食官司給粟賑之

二十三年甲子大饑按此條辛未癸未志俱未列

四十三年甲申旱

四十五年丙戌大饑

六十年辛巳大旱

雍正六年戊申秋旱

八年庚戌縣民謝叔恭妻徐氏一產三男

九年辛亥水

十年壬子水

十一年癸丑饑

乾隆八年癸亥大饑以上辛未志

二十五年庚辰夏大旱

二十七年夏大水

三十年壬午夏大饑民多食土

三十一年丙戌有年

三十二年丁亥夏五月大水

四十四年己亥夏秋大旱

四十五年庚子饑

四十六年辛丑夏大旱

四十八年癸卯夏五月大水

五十五年庚戌秋七月大水

嘉慶元年丙辰春正月木稼
四年己未饑
五年庚申春正月木稼乙酉志增
七年壬戌春夏大饑六月大旱
十一年丙寅冬十月一都九都地震
十七年壬申有年乙酉志增
十八年癸酉夏六月大水
十九年甲戌有年乙酉志增
二十二年丁丑秋七月雨菽
二十四年巳卯夏五月雨雹如彈大饑
二十五年庚辰元旦雷五月至八月不雨大饑

道光元年辛巳大有年十二月二十二日二十六都民邱靄周妻

張氏一產三胎

二年壬午有年

三年癸未有年以上癸未志

五年乙酉春二月雨雹有年乙酉志

十五年乙未饑飛蝗食禾

二十五年乙巳有年

二十六年丙午有年

二十七年丁未大有年

二十八年戊申大有年以上戊申志

咸豐三年秋彗星見白光一道如帚其長逾丈月餘乃沒

咸豐四年鄉村出豺狼傷人

咸豐五年大有年春復冬豺狼鄉村池塘水沸數刻乃止各地同

時

咸豐六年祭文昌夜聞閣瓦上車聲轆轆

咸豐十年三月雪六月慧星見白光一道如帚又有星如環西南

角微缺城西門外夜見火光燭天

同治二年怪鳥鳴聲極慘除夕及三年元旦雨大雪後寒冰凝結

歷六七日白晝不解樹多凍枯者

同治四年雨雹

同治六年地震

同治七年野豬入城

同治八年元旦雷鳴三月地震

同治九年雨雹大者如碗怪鳥復鳴十月間天雨黑子如粟

（清）張興言等修　（清）謝煌等纂

【同治】宜黄縣志

清同治十年（1871）刻本

雜類志 祥異

雨暘燠寒風徵於天也五福六極徵於人也徵於天者其理微徵於人者其事著天人之交物亦徵焉國家醲化覃敷太和翔洽一物失所常廑聖慮故露甘泉醴出爲禎祥龍鬭鷁飛閒生灾異皆爲紀載家所必書然則明察之官忠信之長觀於天人物類之感綠休咎福極以自省其有裨於政治也大矣

許子將 五世同堂　周　和 五世同堂

余嘉昇 五世同堂　余東昇 五世同堂

余嘉興 五世同堂　鄧以文 五世同堂

陶祖縉 五世同堂　李　步 五世同堂

管意誠 五世同堂　黄應遠 五世同堂

吳仕俊 五世同堂　吳綸章 五世同堂

鄧邦智 五世同堂　鄧安瓊 五世同堂

傅興連 五世同堂　饒揚芬 五世同堂

陳開紋 五世同堂　黄向絅 五世同堂

黄文捷五世同堂　吳師夔五世同堂

羅克立五世同堂　吳際昌五世同堂

吳章程五世一堂　吳麟五世一堂

吳懿杲五世同堂　吳益川五世同堂

謝芳鄰五世同堂　謝家樹五世同堂

鄒獲野五世同堂　余猷誥五世一堂以上事實詳耆壽

羅天祥五世同堂

瑞

宋寶祐六年戊午南嶽山前徧產靈芝因名其坊曰美

國朝余氏梧陰書屋後園忽生歧竹同根兩莖干霄直
上如麥兩歧如蘭叢蕙永豐詩人郭羽可中翰畫圖
作讚黃侍郎作歧竹圖記

咸豐四年崇二都施　一產三男

唐德宗貞元十四年戊寅四月江西諸郡溪澗魚頭皆
戴虹蚓色中亦有之

宋高祖紹興十三年庚辰冬螟有大蛇見於丞治長二
丈縱之十里外復至者數四

明成化十年甲午大水舟行樹杪

正德四年己巳大饑草根樹皮採嚙殆盡

正德十六年辛巳大水起於夜半視甲午高一丈

嘉靖二十三年甲辰大疫雨雪淋淫者三月稼穡在田

有至次年收者

隆慶三年己巳大饑天雨黑子如黍

萬曆十六年戊子大水既又大饑人食草木

萬曆四十二年甲寅仙一都舊坊蛟溢漲水丈餘

天啟元年辛酉仙六都小君山蛟溢人多淹死者

崇禎十三年庚辰六月初四夜戌時東南天裂丈餘其

中白色蕩漾如金在治

崇禎十四年辛巳大饑

國朝順治四年丁亥饑甚米價五兩一石

順治十一年甲午有三虎入城市

順治十二年乙未六月雨雪

順治十六年已亥十二月二十四日立春是夜初更時
忽四方各現一星光如火燭地半時方熄

乾隆五十五年庚戌七月十三日夜大雨待六都芙蓉
山崩水湧原 上吳氏十餘家盡漂沒溺死近百人

官坪等處皆受害又上獅溪黑水泡溢巨石轉十里
外待七都溺死亦多
乾隆五十七年壬子五月初一日仙六都外洋六十餘
戶堂屋中地水涌溢泡魚皆躍上岸三更後山崩半
里外飛土壓斃居民數十家次日遠近往觀又飛土
壓死數十人衣服沾土卽腐今成荒墟
嘉慶九年甲子六月十三日大雨晝夜不休仙十三都
蔣坊山破蛟奔水高二丈許永興木橋順流至棠陰
雅塅壟閘橫射村落桀溪雷灣沙坪漂沒百餘戶塅

下淹斃二百七十餘口城外貫虹橋衝毀數甕浮屍滿野棠陰巡司朱公軒邀集鄉紳措棺掩埋城內好義者各辦木棺布匹隨處收瘞邑侯丁公湛出城勸獎僧道皆建醮河岸三日

道光十五年八月久旱蝗虫轟起蔽日漫天咬食田禾邑侯陳公繼恩親往各鄉督用旗鑼鼓炮驚逐並示捕蝗法乃息是年米價昂至每斗二百三十餘文次年春復如是後經霜雪蝗種始絕

道光二十二年壬寅七月黃水大漲高三丈餘崇九都

中田村堤盡崩塌傾圮民屋六十餘戶淹沒田穀三千餘石歲大歉至同治壬戌甲子巨浪愈駛黃水自新豐市滙衆流至秀水馬頭山奔騰湍激破上湖洋湖馬坵楊林臨江數處逼計沖失膏腴田蝦約可收穀四千五百石盡成沙礫春夏巨浸不可耕種弊由新豐護竹侯坊山谷不植樹木雨驟崖崩緣河積聚其撥民淘鐵漁利淹扒砂鬆每洪漲隨流直下至九都上游漸平曠水勢泛濫遇狹口填塞日壅日昂沿河居民受害伊於胡底

咸豐三年待鄉地方於三月十七日午時雷電晦冥雹大如斗屋瓦皆穿食頃始止繼以暴雨窮簷茅舍避濕無所有匿於牀榻案桌下者六七八九都尤被害

秋彗星見白光一道如帚其長逾丈月餘乃沒

咸豐四年七月附東隅譚家井鳴聲如湯沸一晝夜乃止明年春粵寇陷城邑

咸豐六年三月十六軍峰古觀寺僧方飯微聞小爆聲起視王仙真像口吐青烟不知火自何起及衆僧頂視而腹背已成灰木旬日後寇陷縣城

咸豐八年十二月十八夜潭坊地震初聞隱隱加雷樹
環門扣皆鏘然有聲逾刻始定
咸豐九年十月桃李皆著花十年冬大雷雨雪竹木僵
仆殆盡
咸豐十一年冬大凍陂塘冰結可行以巨石投之不少
坼橘柚之屬皆凍死
同治八年四月初八日夜大雷雨山水暴漲陂堰皆決
崇二都義泉寺一帶地方冲失田段不下千餘石仙
一都官倉前冲破房屋五棟淹溺三十餘人流至源

口村捞救获甦五人一路山崩地裂倒倾田塅无数

甚有成港成洲者

【同治】樂安縣志

（清）朱奎章修　（清）胡芳杏纂

清同治十年（1871）刻本

祥異

樂安未創邑以前雲蓋鄉楊氏得一石於田間濯於溪有道士呼曰瑞石宜用葛滌之如其言石瑩徹中有觀音像不敢秘獻於朝舊志

乾隆三十四年樂安鄉麥坑田姓人一產三男

乾隆三十五年滌授鄉般坊有樵子夜入山見空中有火光如炬日以爲常尋跡其處掘地得一石大如斗鐵色叩之有聲舁之莫語則舉語則雖大力不能舉也

嘉慶間忠義鄉青山游氏女春桃年十五化爲男尋没

嘉慶十九年九月地震

道光二年五月五色雲見

同治九年二月招携湖坪等處雨雹大如雞卵

【同治】東鄉縣志

(清)李士棻、王維新修　(清)胡業恒纂

清同治八年(1869)刻本

江西東鄉縣志卷九

祥異志 兵氛附

景星慶雲祥麟威鳳此治化大徵應也若郡邑則惟以豐年爲瑞匪是斯意且疑爲異矣舊志祥異僅録數條附沿革卷末而熾昌者艾之沐恩施者又散見者碩中位置均失夫雨暘燠寒風象之徵於天者五福六極事之著於人者而其氣實相孚陰陽和會則民亦和會幾見熙熙仁壽之時復屢形乖沴乎兹以人壽爲祥天災爲異都爲一卷而益以府志及近事庶有合

於洪範演休咎福極之義其兵端之氛祲并依類見焉志

祥異第九

明

嘉靖元年壬午大水民饑十九年庚子夏大饑斗米銀五錢民采菌充食二十四年乙巳旱大饑民掘白土俗稱觀音土雜米屑食多殍死者三十二年癸丑自秋歷冬恒暘不雨井水盡涸四十二年二月雨雹如石府志

隆慶三年大饑六月雷震學宮十二月木冰

萬歷八年大旱十六年戊子大水大饑十七年己丑春旱歷

五月不雨大饑三十六年戊申大水

崇禎四年辛未旱大饑十四年辛巳大饑

國朝

順治三年丙戌大旱土寇起掠四境焚縣署民居殆盡四年丁亥春大水大饑斗米銀八錢餓殍載道並舊志

康熙九年庚戌十二月大雨雪積四十餘日河冰可涉民多凍死十年辛亥大旱五月至八月不雨泉澗皆涸赤地千里十一年壬子春大饑民采蕨充食多餓死官司給粟賑之四十三年甲申饑斗米錢五百文五十二年癸巳冬雨

木冰喬木盡折道不可行府志

雍正十年季夏蟲時早稻將實有蟲小如蚋色或青或絳善躍附稈而處一稈集至數百禾盡槁十一年癸丑郡大水府志

乾隆八年癸亥大饑三十年乙酉大饑民多食土三十一年丙戌有年四十四年己亥夏秋大旱五十五年庚戌七月大水

嘉慶元年丙辰正月木稼十八年癸酉五月大水十九年甲戌十二月民間訛言有來查禁私藏硝磺凡停棺必鋸開

驗明於是民家淹柩淺厝不數日葬埋殆盡二十五年庚辰元旦雷

道光七年丁亥民訛言有蟲食禾其神俟看燈戲畢乃伺於是沿村張燈盛於上元十一年辛卯大水十四年甲午大水十五年乙未五月大旱蝻子生徧滿山谷至次年三月盡死

咸豐三年癸丑六月大雨兼旬禾穀並芽四年甲寅春民饑十一月境內塘水湧溢歷時乃定六年丙辰二月粵匪據縣十一月走九月縣再陷至八年戊午三月乃恢復蝗復大

起旋遇雨死

同治元年壬戌元旦雷越日大雪三年甲子正月大雪喬木僵仆河魚有凍死者五月流賊據城刈民禾乃去四年乙丑元宵雷雨尋大雪民飢饉官發白鏹九千賑之四月大風吹仆南門外刦璩二姓祠堂及北門外迎賢亭石柱是秋有年

兵氣附

明

正德十四年己卯知府陳槐集義旅討寇濠東鄉餘賊復起

流劫州縣金谿典史李鳳梁之爲賊所害殺官兵三百餘人府志

國朝

順治三年丙戌盱信餘黨未靖數由金谿東鄉出入總兵金聲桓遣兵剿洗近東一帶有數百家之聚落絕人跡者府志

康熙十三年甲寅四月逆藩耿精忠踞閩叛遣僞將易明攻撫州城守游擊楊玉泰守備王士質從逆七月初六日城陷土賊乘間盤踞各邑金谿知縣白琬如迎逆崇仁知縣陳潛棄逃宜黃署縣事本縣縣丞劉揚俊脅從樂安知縣

郭肇基被害東鄉知縣汪士奇臨川知縣邱泰隨知府王永茂請兵南昌九月正黃旗將軍希爾根鑲黃旗將軍哈爾哈齊紅旗將軍舒恕統禁旅分路撫剿賊衆潰散各邑城池先後恢復而地方蹂躪最甚府志

咸豐六年丙辰二月粵寇自臨江竄撫州屬縣皆陷知縣吳朗赴省請援平江營李元度率兵至三月驅賊走賊據入府城官兵圍之不克十月廣賊自皖來為府賊援官兵潰退知縣[illegible]死其難七年八月總兵李定泰統兵剿賊駐邑境大橋岡賊棄城走知縣周溯賢乃駐將軍嶺轉運兵

米十月賊渠僞翼率大隊至撲官兵營全軍皆覆觀察帥
遠燡同知莊兆熊等死之賊大肆刼殺大橋諸村民皆避
入進賢水鄉八年四月援江後軍劉長佑蕭啟江統兵由
豐城進賊驚走府縣城皆復十一年七月賊自瑞臨間竄
衆號百萬臨金東進皆被擾居民多死傷東鄉受擄者數
萬人賊竄以來是年禍最慘
同治三年五月浙江餘孽據縣城坼毀城內外民屋無算學
宮成墟踞守兩月遂刈民禾提督周世銓統兵至駐將軍
嶺七月賊退民乃歸半無居室又苦饑官發穀賑之民人

始獲生全

壽民及五世同堂

明

王佩字安康黎墟人壽百歲舊志失載年號

王叔寧黎墟人壽百歲

王靖黎墟人年百歲萬歷年間知縣孫克振旌以盛世人瑞

額

王騏字尚仁黎墟人壽百歲卒金谿吳文莊公誌其墓互見

篤行

揭德義嚴塘人正德間保障鄉里有功壽百歲題請建坊城

内

王興耀禮坊人篤志課子足不履城市年逾九十僉憲尤旌

表其廬

國朝

王啟字睿先黎墟人壽臻百歲金谿馮夔颺太史贈以聖代

期頤額

周威南原人少遭寇亂護持父母於鋒鏑中卒賴以免

雍正二年享壽百歲五世同堂題請　旌表建坊

周上達瑱山人質直好義撫育孤姪常於田溪埠設舟以渡行者乾隆四十一年壽臻百歲題請　旌表建坊

夏英俊阮西人質樸務農終身未嘗詬誶人壽九十有六卒五世同堂

楊鼐字禹成雞籠山人壽九十有四歲卒五世同堂子名楊夫婦時年皆七十有七歲

王益來爐坪人五世一堂享壽八十有三歲

艾廷茂字研秀七寶嶺人享壽百有一歲題請　旌表建坊

舊志失載年號

李氏長林歲貢生樂沛霖之妻享壽八十有三歲五世同堂
多列膠庠
李豹輝城內人年八十有五歲舉鄉飲賓子孫多列膠庠知
縣楊宗耀贈以扁
陳龍光古源人隸諸生籍老六十四年猶應鄉試享壽九十
有六歲
艾汝濟壽九十二歲嘉慶二年詳給頂帶
嘉慶二年
恩詔賞賜老人棉絹米肉清冊依舊志備錄

吳明玉陳列士年九十歲

顔桂茂吳文逹年八十九歲

徐維泰周建中八十八歲　王煻樂文俊年八十七歲

危勉周朱在文何在凝年八十六歲

張國英羅子賢年八十五歲

張斯泰吳首德年八十四歲

吳德及何克宏年八十三歲

樂康寧吳和萬李士臣年八十二歲

陳孔仁樂杏山李秉泰吳宗祿李過萬樂光冉何翰玉饒進

維王吾遠黃克羨年俱八十歲並舊志

梁華林二十六都鳳源人同治六年壽九十九歲知縣李士棻贈以

熙朝人瑞額

何師黙庫厦人同治七年壽百歲五代同堂知縣王維新旌以壽義之門額并贈以詩二首新增

熙朝人瑞訪耆英百歲龍圖屬老成甲子逐增綿七葉庚申安用守三彭傳家有訓曾元繞與世無猜廉讓行自是衙前渾未識不彫不琢葛天氓期頤仍未見龍鍾

恩詔還應待

九重且喜吾民增福壽始知

聖代卽羲農堂開五世休徵見華祝三多吉語逢自愧年來

無善政何時問道許相從

【同治】南城縣志

（清）李人鏡修　（清）梅體萱纂

清同治十二年（1873）刻本

南城縣志卷十之一

祥異

洪範庶徵言天人最著乃京房翼奉牽合附會儒者病其拘而不知變休咎事應當如臬羽報耶精祲相盪是誠在人唯月唯日之義靡弗聞之韓太傅有言今災異可畏乃在人妖兹爲睹原者乎二頴雙岐之瑞五風十雨之祥固和氣之所召也天道謂非因人事哉

祥

吳太平初南城產嘉禾 豫章書

宋熙寧六年癸丑冬建昌軍甘露降距城五里進士徐上交別業有甘露降於其松濃如厚酒味香能改齋漫録

元祐八年癸酉甘露降靄凝數十里逾月不散前志

延祐四年丁巳秋七月產嘉禾元史

明宏治間甘露降於布政左贊宅之丁香樹前志

嘉靖十五年丙申四月卿雲繞月知府王度疏其事於朝其畧曰月后象也月如重輪則爲太子之德雲子孫象也雲而五色又爲太平之徵

二十八年己酉歲大有百產俱富前志

萬歷二十九年辛丑二月建昌學宮桂開花結子江西安志

國朝康熙元年壬寅祥雲見通志

乾隆元年丙辰有年前志

五年庚申十月民劉宝妻一産三男邑侯閻廷信以人瑞詳請

顯達前志

三十九年甲午六月十二日午時西關黄友先之妻葉氏一産

三男前志

神童

宋危拱宸字耀卿年十四題初月詩云未審初三夜嫦娥怨阿

誰懶開十分鏡祇畫一邊眉令尹見而異之始令其讀書後

登進士官至光祿卿正德郡志

吳奎字成象三歲能詩六歲歷覽子史五行俱下目不再覩祥符二年與臨川晏殊應江西賢良詔時年十一真宗優異之三賜御書同上

陳公亥治平中以神童召試太守黃師道以長歌贈之其畧曰

惟得神童頴少年始七歲業老成手揮椽筆書大字口頌五經富强記若非祖德積慶餘來裔安能具神智云云湻熙郡志

李秋芳字文敏李覯之後七歲能屬對十三能文十八拔幟場屋知府黃應龍爲銘美其才而惜其命也景泰郡志

明黄綱弱冠狀類童子弱不勝衣而聰明過人讀書過目無遺

詩文倚馬可待元臨川余實翁作性善說尊陸氏而非朱子

綱爲逐節辨明之時稱爲朱子忠臣天不假年而卒於旅

王家瑞字輯五其先係臨川人年七歲父攜至南城善屬對時

進士黄公文煒見其頴異輒試以對一日於西郊取魚因命

題曰池塘水竭魚蝦見王應聲曰宫殿風微燕雀高黄公曰

汝曾讀杜詩乎對曰未也黄公奇之遂以女妻之後登賢書

國朝羅冠字弁伯號雪崕六歲能文一目五行俱下十歲就縣

試冠軍垂髫入泮合邑稱爲神童順治甲午魁於鄉康熙庚

戊戌進士考授內閣中書舍人通籍後恬於仕進鍵戶著述文章德行鄉評第一有卜耕堂文集

耆壽

宋咸淳六年張政百歲郡守鍾季玉請三老享於一堂有詩云大老如游更老彭迎來公宇共稱觥盱江尊老集

游海青綏里人年百十二歲至今呼其地曰老游村前志

彭元珍年登百歲安車徵聘住會潭名老彭村至今額字尚存前志

明嘉靖十四年四十二都平原人黎倫啟年百歲郡邑表閭榮

以冠紱賜以肉帛建上壽坊於本都前志

三十六年吳盛妻姚氏住芨南溪年百有三歲七世同居邑侯嚴給百歲扁額隆慶壬申大參羅汝芳親書百有三歲扁額併拜像題贊云毋壽已尊從此無疆在毋子孫俱載吳氏家譜前志

詹子貞居新橋年百歲建石坊於橋頭前志

吳愈懋三十二都源頭人年百歲建有百歲完人坊前志

國朝郡城東八十里有村曰株源遺民涂愛吾愛己兄弟處其中壽皆百歲服古衣冠終身不入城市而愛吾之子世任百

歲尚能力農又過於其父一門三上壽真吾郡罕有之事也陶吾廬日記

王邦進居北關生於隆慶辛卯身歷兩朝壽逾百歲各憲榮以衣頂給以扁額議請建坊前志

李文先妻趙氏百有一歲建坊東隅前志

乾隆四十八年癸卯六月東關耆民王湞之母舉人瑞金教諭王黼之祖母程氏壽逾百齡前志

嘉慶二年丁巳四月四十九都監生陳謨五世同堂親見七代御賜七葉衍祥扁額

職監李宗沅道光六年宗沅年七十八歲子生員元潞等二人孫監生豫齡等十人曾孫森等十六人元孫炳一人五代同堂七年奉　撫部院韓具題得　旌表如例

敕封承德郎國子監生梅鴻注能書畫善琴棋訓廸生徒多所成就壽九十五歲

監生梅洪魁一生謹言慎行有長者風壽百有一歲

蔡煥玉之妻包氏有淑德事舅姑孝家貧勤紡績至老不倦壽逾百齡

教職程邦治之妾侯氏夫故守節勵志冰霜壽九十八歲

冠帶大賓封宏安壽百有二歲同治九年奉 旨旌表建坊

冠帶大賓梅寶純讀書不事舉業專以註釋感應編格致誠正

編寶善省身編條列報應徵驗以訓誡子弟生平與人無忤

壽九十四歲

監生黃紹元一生長厚訓繼子成人壽九十三歲

晉贈恭人邑庠生李錦之妻江氏清操永矢訓子成人郡伯李

賜以孝敬慈仁扁壽九十四歲

監生游景會之妻陳氏勤儉持家子孫蕃衍子四人孫十三人

壽九十三歲

龔恆龍之妻吳氏青年守節白水盟心壽九十一歲
游灿庭以農爲業壽九十二歲
李鼎四十一都上唐人性友愛讓宅與弟而自營屋居之壽九
十一歲以孫均權官贈文林郎
舉人梅大本之妻陶氏年九十六歲
鄉飲介賓左萬邦壽九十五歲妻梅氏壽九十四歲五世同堂
親見六代

南城縣志卷十之二

異

唐

儀鳳間民曾延家紅蓮變白後一年又變爲碧其池在今廣昌縣南五十里名勝志

乾符三年丙申東鄉有異鳥翔鳴福船山嶺其聲如嘯前志

宋

太平興國元年丙子東輿鄉馬溺坑有大居石高廣數十丈山鄉大水石忽不見前志

景祐三年丙子夏大水東洲積户如蝗知軍事劉忠順募舟發粟賑之甘露降於天慶觀之松樹 天慶觀即今西隅元妙觀也

皇祐二年庚寅夏六月大水水發龍安鄉山破壞如擊甕盎斬大樹瀦大屋民有不得其屍而斂者是歲復大饑 李盱江集

治平元年甲辰大水 前志

三年丙午夏旱 呂灌園測幽記

紹聖中石澼潭淺 地讖云石澼潭填竿相出元符間郡人曾布入相是其徵也

靖康二年丁未軍學火

紹興元年辛亥景德寺塔影倒垂於地諸物影亦如之 塔在日色中影

倒垂於地凡一寺之內日色所不到之處偏室隱戸瓶甖甕盎牀几衣衾什物其影皆然識者謂其沴兆主下陵上越三年叛卒殺郡守又殺通判於塔中是其應也

四年甲寅秋七月星隕達旦 時戎戰卒作亂燬軍治軍學殺傷甚衆是夜星隕達旦事詳武備中

五年乙卯建昌軍旱饑志 尼堅

淳熙七年庚子大水龜湖橋圮 查姚府志按新城志云紹興六年大水決南城龜湖直流至謝家灘與南城志所載相距四十五年又地讖云龜湖衝破狀元生按二志龜湖衝破年雖不同而皆以為張狀元淵微之應然淵微咸進士乃在淳祐七年距新城所載紹興一百一十七年距南城所載淳熙亦六十八年何徵應之遙遙也此與石游潭塡宰相出皆俗語流傳而學士從而附會之其惑遂至今不解

紹定四年辛卯軍治火縣治亦火

景延元年丙子萬壽橋火

元

至元二十七年庚寅七月江西霖雨建昌諸路水皆溢元史

延祐元年甲寅秋八月建昌路水發廩價賑糶元史

二年乙卯夏四月建昌路饑發廩賑糶元史

至治元年辛酉夏四月建昌路民饑發米賑之元史

泰定元年甲子秋八月建昌水大饑賑糧有差元史

二年秋八月建昌路饑糶米賑之元史

三年丙寅春建昌路饑糶米三萬石秋又饑發粟賑之元史

四年丁卯秋九月建昌路饑賑米萬餘石元史

至順元年庚午建昌路饑賑糧一萬餘石鈔二萬餘定元史

至正十二年壬辰大旱縣學燬前志

十四年甲午建昌大饑人相食元史

至正間縣治火通福橋亦火前志

明

永樂五年丁亥建昌疫豫章書

六年戊子正月建昌自去年至是月疫死者萬餘人明史五行記

十一年癸巳建昌饑豫章書

正統七年壬戌龜湖橋圮邑人張昇狀元生於是歲亦地識之應也

十三年戊辰秋有怪石墜於縣學丁祭日夜三更明倫堂暨東西齋從空飛石而下石有苦重可四五觔惟大成殿飛石不到

景泰四年癸酉冬建昌疫明史五行記

成化九年癸巳大饑前志

十年甲午大饑前志

十七年辛丑四月水太平橋圮張元禎記

二十一年乙巳夏水太平橋圮張昇記

宏治九年丙辰秋九月雷拔府學大成殿扁額（田汝耔學宮記）

十三年庚申秋七月甲寅空中有火作分作合流光下墜十餘丈隱隱有聲燬軍民廬舍（明史五行記）

十四年辛酉城市民居火知府舒崑山發粟二千四十二石賑之（前志）

十五年壬戌二月十五日地震（前志）

十六年癸亥大饑知府舒崑山發粟九千五百餘石賑之（前志）

十七年甲子大饑知府舒崑山發粟一萬七千餘石賑之（前志）

春二月雷擊府學大成殿撤鴟吻中佛經（初以府學舊址封益藩改聖殿於天寧寺）

後因雷擊始撤而新之田汝耔學官記

正德九年甲戌春旱五月方雨姚府志

秋雷擊府學大成殿八月朔日食晝晦星辰皆見前志姚府志按前後日食皆闕而不書書此以晝晦衆星畢見日食之變也

十五年庚辰夏六月雨雪前志

十六年辛巳地震

嘉靖元年建昌地震有聲豫章書

五年丙戌七月有虎具人手足明史五行記

八年己丑夏五月大水平地深丈餘漂沒廬舍姚府志

十年辛卯河東居民火太平橋燬前志

十一年壬辰夏建昌蝗江西安記

十二年癸巳四月大水江西安記

冬十月星隕如雨樹底有聲十一月地震前志

十四年乙未夏五月大水六月旱一月方雨前志

十六年丁酉夏雷擊郡廳左棟旋繞於庭有見其狀者前志

十九年庚子大饑民多殍前志

二十一年十二月大雨雷鳴如夏前志

二十二年縣學官杏樹合抱偶結實甚繁前志

二十三年甲辰夏饑冬十月合郡大饑死者無算至乙巳春止前志

二十六年丁未察院災火自城外飛入前志

二十九年太平橋燬前志

秋九月金谿王府牡丹花開而王薨姚府志

三十五年丙辰四月大水鳳凰山摧其西角益莊王薨於五月人以爲山摧之應

三十六年丁巳七月日光相盪太白晝見前志

三十九年庚申秋八月星隕如雨是時閩寇方熾於郡境守備王址戰死於新城之礪頭人以爲星隕之應

四十一年夏大水

四十二年癸亥二月建昌大疫江西安記

四十五年丙寅大饑

隆慶元年丁卯春日中有黑子相盪是年民間譌言拘刷童女

競相婚配前志

縣治火僉事張祉命投縣門牌於火火頓息前志

萬歷元年癸酉夏大雨雹冬雷電

二年甲戌夏澇

三年乙亥夏大水秋冬恒陽旦暮天赤

四年丙子冬益府牡丹花開明年王薨

五年丁丑九月四日有星見於西南色赤如火少頃沒晦日彗星見西方形如白雲勢若拖練根五丈餘濶三丈餘長約十丈由尾歷箕越牛度斗至十一月二十九日乃止俱前志

十年壬午七月朔日食晝晦星見

十四年丙戌巽蛇見蛇一角六足如雞距不噬人蛇六足者名肥遺見則千里内大旱後十六七年果大旱明紀

十七年巳丑建昌五月不雨大饑秋七月大疫江西安記

二十一年癸巳六月妖星見長數尺如鎗數夕沒前志

三十年夏雷震豬面石擊死怪物名勝志

四十三年乙卯冬十二月益府災凡燬寢宮殿廡二百六十餘間其後屢奏興修卒以工大未果藩政奏草

四十六年戊午冬刀星見姚府志

崇禎六年癸酉二月建昌生豕二身一首八蹄二尾明史五行記

九年丙子府學明倫堂火前志

大饑米穀騰貴姚府志

十六年癸未春益府菊甚開湯氏紀異

夏五月旱兩日磨盪前志

秋八月益府紅梅盛開湯氏紀畧

十七年甲申二月天赤如霞注雨如血

國朝

順治二年乙酉六月武岡塔災藏山稿

秋七月府城外河東民居皆火太平橋燬城內火縣學燬前志

三年丙戌夏雷繞府學大成殿三日擊死蜈蚣長三尺堅瓠集

夏五月不雨至於冬十月江西安記

四年丁亥大水民大饑江西安記

十三年丙申旱夏五月大水

十六年己亥夏五月旱俱姚府志
十八年辛丑大水江西安記
康熙三年甲辰六月旱
五年丙午旱
六年丁未夏四月水
七年戊申夏六月雨黑沙俱前志
十五年丙辰春府學大成殿災江西通志
十八年己未秋旱江西志
三十五年丙子夏饑姚府志

四十三年甲申闔郡大饑

四十六年丁亥夏五月水

五十二年癸巳秋七月大水

六十年辛丑旱自五月至八月不雨六月三都溪水驟發平地

高數尺傷田稼俱前志

雍正十年壬子饑有螟形如蚋土人取松明夜燃於塍蟲蔽空

而下投火没凡二十夜乃止

十一年癸丑饑俱前志

乾隆二年丁巳雨雹

六年辛酉夏四月晝晦有風自鳳凰山捲黑氣一團如長簞狀
仆學院號舍往東而去
七年壬戌秋有螟蝗晚禾食既
八年癸亥大饑斗米二百文夏大水自冬至明年夏大疫
十三年戊辰旱
十四年九月二十日夜十字街火延百數十家知縣趙册樞捐
貲賑恤俱前
志
五十七年大水瀰漫至府署前
嘉慶五年庚申七月十五日大水瀰漫至府署前

十年正月十六日城内四街火

二十四年正月初一日城内四街火

二十五年五月至八月大旱俱前志

道光十四年夏大旱

十五年七月蝗

二十八年大水

咸豐三年四月羅坊民家豕產象一日死

五年三月虎至南門文明橋旋入定印寺獵户江某擊殺之

十一月桃李華

同治元年五月二十六日大水衝塌太平橋東五甕

同治三年夏賊圍郡城援軍至城鄉大疫被兵後失業饑民塡

溢道路設廠散給粥米分别蠲緩

【道光】新城縣志

（清）徐江纂修

清道光六年（1826）刻本

災祥

陳文帝天嘉二年臨川盜周廸為吴明徹所敗收餘衆襲東興出南史

唐高祖武德六年東興縣有陸木甑井溪中者於撫州連樊溪甘渚得之井溪在邑東連樊溪甘渚在撫州西門外出臨川記

東興人有入山得猿子歸者猿母隨其人哀乞竟殺之猿母悲喚自擲而死破腹視之腸皆斷裂出搜神記

僖宗乾符三年有異鳥翔鳴福船山嶺其聲如簫因名其嶺為簫曲峰

僖宗中和二年東興人危全諷據撫州弟仔昌據信州

時所在寇亂賊帥黃天感據邑龍安朱從立據石牛洞新城界洞屬南豐皆竊稱名號安南都護謝肇遣全諷討之朞年悉平見九國志

昭宗天祐元年危全諷為淮南楊渥所敗降於渥仔昌奔杭州全諷將黎汾王藻聚殘黨據邑石城寨高寨為盜南城鎮南軍節度副使劉信盡破之敗於黃花岡一郡遂寧　時邑屬南城黎汾邑豐義鄉人五代時草寇也其墳羣鵲集鳳形可以成事然墓前有羊稱坑虎蹲石刀背嶺或言羊出則畏虎虎欲出則懼刀事决不就汾後興兵危全諷發其墓投屍水中汾兵果敗汾嘗學神仙變化之術雖首斷猶單騎走至地名鄒州有老媪見之笑曰黎僕射也乃墜地鄉人以其靈恠立祠祀之今久廢

五代盜黃吉聚衆結寨於東興石門

宋太宗太平興國元年邑東南四十里馬溺坑有大居石高廣數十丈山鄉大水石忽不見按此石在山陂陀中四圍皆石中有大石形如高廩石足下空而四五小石揹之如大壓碌然土人謂之居石四隅皆高嶺傍近又無淵流不知石之何在異哉

真宗祥符間縣北郊靈山院火有鐘墜地頓失其圓里人謂之扁鐘一日有道客過之語僧曰常撞不圓處三十年當圓如初又指庭東井曰鐘圓則此井扁矣僧未之信後皆如所期按舊志云院有銅鐘相傳為危全諷鑄今鐘井俱無

英宗治平元年大水石城西港白石灘獲碑數片有文

云太原王氏女金陵韓守妻戊辰年八月塟在石城西

又云日為弓兮月為箭射四時兮生死變千年萬年松

栢風悲盡死亡人不見

神宗熙寧年間鄧潤甫之官成都途中生女名曰路姑

長嫁劉埏生四子卒塟銅蕪開壙三尺許有文在石曰

路姑路姑生在路途死塟銅蕪四子金魚後埏長子堯臣紹興進士次子大聲以子希旦進士官贈太中大夫三子詢以子機令進賢贈承事郎四子安世貴州助教

高宗紹興六年丙午大水決南城龜湖直流至謝家灘

過於盱明年丁未邑張淵徵第狀元先是范越鳳云龜湖破狀元生

德祐二年范汝為由杉關犯邵武紀杉關者以其擾新城也

元順帝至正二年壬辰四月紅巾賊鄧忠臨川人陷建昌路邑民彭仕淵彭仲武招集義兵為邑保障忠不敢入

三年癸巳尚書火保赤統兵由閩入境招安邑寇孫塔擒李三

八年戊戌石港王溥據新城八月偽漢陳友諒陷建昌路令王溥守之十二月遣兵陷杉關

明吳元年十二月胡廷瑞何文輝度杉關略光澤下之王溥降於明仍以溥守之

洪武元年桐林鄉寇饒馬妖僧周道作亂邑民許慶二率衆禦之官兵隨至平之

正統八年饑年歲豐饑正統以前無可考

景泰四年饑

宏治十六年饑

正德八年旱

九年秋八月朔日食晝晦衆星畢見前後日食不勝記記此者以晝時衆星畢見也

十四年夏四月大水通濟橋壞西南城盡圮淹民廬舍無筭

嘉靖元年南城妖民傅又久作亂倡白蓮教於西鄉剪之又久逃

九年大饑
十二年十月辛巳星隕如雨
十九年饑
二十一年火　二十二年火
二十三年大疫　二十八年大有年
三十七年九月閩寇三百餘焚掠南市
三十九年八月叛兵廣人袁三等三百餘由自泰寧建
撫守備王址拒戰於礪頭山六都死之執百戶戴權西過
南豐事詳二卷祠廟中王杍守備祠記又鄧元錫有王
守備傳見潛學稿○湯建衡重經黎灣詩云黎水
流嗚咽黎灣雲晦冥傷心英氣凜揮淚血痕腥江右悲
人傑天南隕將星經行山路晚掩袂泣吞聲○此地故

人沒遊魂招未歸音容成渺邈寤寐尚依稀一死昭天地浮生任是非重來訪遺跡慘淡度斜暉○鄧元錫送王仲子扶櫬歸饒州詩曰難兄戰洒黎川血令弟行招楚澤魂沙上鵜鴣銜雨急天邊鵷鷺貫星淪悲笳高傷秋鼓發丹旐遙連野日昏秋水江湖慎波浪承家報國在王孫

四十年正月閩寇三千餘出杉關守備李寧拒戰于楓窩勿敵退保城中南昌撫州援兵遄至寇連攻城勿克居四日由胡寮嶺(六都入)泰寧路還閩

九月潮汀寇千餘從建寧下竹鷄嶺屯劫樟村(五十一都)分劫邑西諸村月餘乃退又閩寇三百餘出杉關流劫洵溪(三十三都)五福(四十都)十等處縣民饒九率兵拒戰于五福死之官兵死者百餘人(王材九日詩云雲峯霧日宜佳節世難八危傷客心周道荊榛迷去

任豐年黍稌變哀吟浸將野興悱黃菊無計天戈淨綠林蜀坐樂杯還自罷古今治亂故相尋。故園人自樂底事復愁生飲對黃花徑羈同白帝城懷人思舊雨戍鼓黙殘更多難何時息羣鷗共不驚

十月朔閩寇蔡石峯等五千餘自光澤出屯南城硝石沠刼邑西北諸村駐宏村五十三都掠河橋四十七都由樟村李嶺隘還閩又寇五千餘出光澤牛田焚刼洵溪至邑南津黃竹街分屯迷姑山下攻城勿克逾五日西趨蕉原十九都等村與原屯硝石寇合由弋陽隘過南豐

是月二十九日閩寇三千餘從光澤水口出鳳掃嶺三十八都掠洵溪五福西掠八都磜下屬南城抵宜黃官兵拒逐復掠邑西公村營十七都從八九都過上藍屬南城監軍僉

事徐栻叅將戚繼光紹興府通判吳成器統浙兵追逐

寇復由五福沟溪過胡坊三十一都中站三十九都度黃土嶺隘

還閩　四十五年饑

隆慶五年大有年

萬歷二十一年癸巳六月十一夜大雨震雷城中外水深数丈縣治學宮倉糧卷冊庫獄盡淹橋梁傾圮人民禾稼漂沒無算知縣鄧仲元申報賑恤

八月徵鄧元錫翰林待詔先是六月水有青蓮漂植於元錫所居之塈盂門前池范越鳳鈐云水內生青蓮黎川出泗賢尋果有是詔人皆以為奇驗

四十五年丁巳水

崇禎元年秋七月大水損禾稼十月初八夜震雷大雨

雹木幹盡折

二年夏五月旱

五年旱五月至九月不雨民大疫流賊周八起宜黃屯

南豐過鄰邑境知縣楊榮集鄉兵守禦

七年春雪夏五月旱

八月饑

九年四月大饑知縣楊榮同邑紳富民捐貲賑粥

十年丁丑六月饑疫七月火仁里街至夏市街房屋燔

燬百餘家

十一年戊寅鉛山妖寇張普維陷瀘溪欲窺新城至府

新橋爲官兵所敗

十二年己卯有年

十四年辛巳五月大水傷禾稼

十五年壬午四月大饑疫知縣林士科同邑紳富民捐

米賑救

十六年癸未五月旱

甲申正月大雨雹

乙酉五月雨三日夜水数丈湮民廬舍無数横港惠德

安濟各橋大士真君二閣盡沒邑江以京等聚衆稱義勇軍以勤王爲名勒餉鄉里知縣譚夢開執以京收禁譚先鋒等刦之六月邑貢士鄧玉等集衆保鄉里以京等率黨拒敵鄧玉領南坊各鄉民壯搜緝以京等殺之邑賴以寧

國朝順治二年七月師定建昌新城故明知縣譚夢開齎印册歸附仍以夢開管縣事八月閩杉關僞原把總搆邑涂子冕黄公隆執夢開入福建燬縣堂

十月閩鄭彩據新城以邵武李翔管縣事時三五都鄉民糾衆入城較斛焚掠翔召鄉勇黄廷瑞等拒殺數十

人鄉衆奔遁次日復督鄉勇擒渠首黎拱北等殺之羣
心稍定

順治三年丙戌正月閩鄭彩於建昌敗遁復奔新城十
七日官兵追至新城鄭彩兵潰還閩李翔獨據城出敵
官兵執解建昌邑民遭殺傷者無筭

六月閩寇閻羅宋出裏嶺隘屯邑永興橋知縣裴平准
申請官兵撥剿賊敗還閩

八月復出毛家嶺義陽隘黃土嶺分路攻城適援兵至
賊敗遁

五年戊子大饑叛将金聲桓王得仁反以僞方尚賢管

縣事知縣裴平淮疾卒於郊

七年庚寅四月天鼓响如雷

五月草寇張自盛出杉閡屯邑飛鳶七月掠邑南篁竹

街會官兵至引還

冬十二月二十五日夜地震

八年辛卯二月大風竹木偃拔

九年壬辰二月初五建營耿虎兵叛由府城趨邑中興

歷城西過宏村抵李嶺隘所過焚殺閏六月旱

十三年丙申旱

十六年己亥五月旱

十八年辛丑五月大水

康熙元年壬寅旱廣昌訾𥟖千餘屯掠横村郡太守高

公天爵督各鎮官兵剿平之

三年甲辰六月旱官川滸障民擊潭夜中山水湧出居

民房屋漂蕩殆盡

四年正月一日火縣治前民居房店盡燬

五年丙午旱

六年丁未四月水

七年戊申六月下黑沙鷄食生蟲死

九年庚戌二月大雪十一月至十二月雪深數尺居民

墻屋壓毀山中竹木盡折

十年辛亥四月大水十四都蛟出衝決利涉揚溪二橋

六月至七月旱

十一年饑

十三年耿逆叛於閩四月僞將易某領兵自杉關出新城城陷居民竄徙山谷城市為墟

十四年十月　王師進勦十五年四月城復以縣丞陳學聖攝縣事居民稍還集

三十五年丙子饑

四十三年甲申饑

四十六年丁亥五月水

五十二年癸巳七月二十八日大水漂毀民屋無筭

六十年辛丑五月六月閏六月七月不雨

雍正六年戊申五月六月不雨

十年壬子饑

乾隆二年丁巳四月十八日酉時有星大如月光燭於地自東流於西北

八年癸亥饑知縣徐振修率邑紳士富民捐米賑粥

十四年己巳大有年

【同治】江西新城縣志

(清)劉昌岳修　(清)鄧家祺纂

清同治十年(1871)刻本

禨祥附

明

正統八年饑年歲豐饑正統以前無可考

景泰四年饑

宏治十六年饑

正德八年旱

九年秋八月朔日食晝晦衆星畢見前後日食不勝記記此者以晝時衆星畢見也

十四年夏四月大水通濟橋壞西南城盡圮淹民廬舍無算

嘉靖九年大饑

十二年十月辛巳星隕如雨

十九年饑

二十一年火

二十二年火

二十三年大疫

二十八年大有年

四十五年饑

隆慶五年大有年

萬歷二十一年癸巳六月十一夜大雨震雷城中外水漲

數丈縣治學宮倉糧冊卷庫獄盡淹橋梁傾圮人民禾
稼漂没無算知縣鄧仲元申報賑恤

四十五年丁巳水

崇正元年秋七月大水損禾稼十月初八夜震雷大雨雹
木餘盡折

二年五月旱

五年旱五月至九月不雨民大疫

七年春雪夏五月旱　八月饑

九年四月大饑知縣楊榮同邑紳富民捐資賑粥

十年丁丑六月饑疫七月火仁里街至夏市街房屋燔
燬百餘家

十二年巳卯有年

十四年辛巳五月大水傷禾稼
十五年壬午四月大饑疫知縣林士科同邑紳富民捐米賑救
十六年癸未五月旱
甲申正月大雨雹
乙酉五月雨三日夜水數丈湮民廬舍無數橫港惠德安濟各橋大士眞君二閣盡沒
國朝順治五年戊子大饑
七年庚寅四月天鼓響如雷
冬十二月二十五日夜地震
八年辛卯二月大風竹木偃拔
九年壬辰閏六月旱

十三年丙申旱

十六年己亥五月旱

十八年辛丑五月大水

康熙元年壬寅旱

三年甲辰六月旱官川漪障民擊潭夜中山水涌出居

民房屋漂蕩殆盡

四年乙巳正月一日火縣治前民居房店盡燬

五年丙午旱

六年丁未四月水

七年戊申六月下黑沙雞食生蟲死

九年庚戌二月大雪十一月至十二月雪深數尺居民

牆屋壓毀山中竹木盡折

十年辛亥四月大水十四都蛟出衝決利涉揚溪二橋
六月至七月旱
十一年壬子饑
三十五年丙子饑
四十三年甲申饑
四十六年丁亥五月水
五十二年癸巳七月二十八日大水漂毀民屋無算
六十年辛丑五月六月閏六月七月不雨
雍正六年戊申五月六月不雨
十年壬子饑
乾隆二年丁巳四月十八日酉時有星大如月光燭於地
自東流於西北

八年癸亥饑知縣徐振修率邑紳士富民捐米賑粥

十四年己巳大有年

嘉慶七年壬戌七月十五日大水城內水亦深五六尺官署倉厫淹壞惠德橋傾圮只一石墩未動南鄉之官川西鄉之橫村中田等處溺斃丁口數千餘漂沒民房一萬七千餘間

十年乙丑饑

二十三年戊寅萬佛寶塔火二十四年己卯又火范越鳳鈐記云桃李接葉水火定遭劫南津菖蒲橋沙洲初無樹木至是桃李自生一二千株矣

二十五年庚辰夏大旱傷禾稼新邑山多田少僅有早晚兩稻早稻居十之三晚稻居十之七而早稻又分三種收成在小暑後者曰早白立秋後日早紅白露後日八月白霜降後概收晚稻兩番又在立冬後刈割庚辰五六月不雨早紅八月白半焦枯兩番未能佈種故早白登場時斗米百八十文至是斗米三百文以上市肆歛糶四鄉閉糶邑人謀請發官穀平糶王鉞曰余穀稟請固需時日而爲數有限爰同眾紳請於邑侯胡宗簡示諭富戶出境運糴設局六所照市價減八文實二十二文十閱月乃止共糴

米三萬餘千石準
貼二萬餘千金

道光元年辛巳大饑蝗損禾稼

六年丙戌四月旱七月螟螣傷禾稼

十年庚寅四月初八日大水

十一年辛卯饑

十二年壬辰春夏連雨百日秋大歉季冬雷鳴

十三年癸巳三四月大水傷苗

十四年甲午蝗損禾稼大饑知縣李蔭樞率富民運糴

賑粥

十五年乙未春夏大疫五月雷擊埨

十六年丙申饑四月二十八日縣治譙樓火

二十二年壬寅農家養雞翅下生爪

二十三年癸卯饑

二十六年丙午二月大風拔木雨雹

三十年庚戌大水

咸豐元年辛亥始有狼入境食畜食人

三年癸丑彗星見

四年甲寅冬竹花盛開

五年乙卯季冬杜鵑花開冬至日雷鳴

六年丙辰三月有黑氣繞城是年粵逆踞城至戊午四月始退詳武備志兵氛

八年戊午饑

九年己未四鄉多豺狼噬人豺羣行小徑間老幼遇者多被傷噬民相戒不敢獨行以後歲常爲患

十年庚申饑兵災荒種

十一年辛酉饑兵災荒種

同治元年壬戌二月十七日地震五月二十六日大水損禾稼西鄉橫村泳湖中田漂没民房多所

二年癸亥疫

三年甲子大饑知縣唐先霖詳請賑邮是年粤逆蹂躪田多失種

五年丙寅正月二十三日大雨雹

七年戊辰二月十七日大雨雹四月十六日地震

八年己巳饑、四月初八日大水沖塌橋梁陂堰田沙淤塞數尺　二十八日大水　五月初三日大水

九年庚午三月十六日夜雷電大雨平明城市水深六七尺沖塌南門城角數丈橋梁陂堰多傾圯田中沙泥淤塞數尺舊志載三十二都游源潭有金色大如牛者

遊其中是日水從潭中溢出涸見底或以為惟徵云

五月十一日西鄉大水附伐蛟說○嘗攷月令載伐蛟之文古人多斬蛟之事蛟之於民為害實甚多方翦除凡以為民也江南地方如徽甯六霍等處蛟尤為患人畜田舍隨波蕩然殊可憫惻訪之故老考之侍聞識產蛟之處得伐蛟之法蛟以卵生數十年而起生蛟之地冬雪不存夏苗不長鳥雀不集其土色赤其氣朝黃而暮黑星夜上衝於霄漢其卵入地自能動轉漸吼地泉其形即成聞雷漸起而上其地之色與[illegible]亦漸明而顯致未起二三月遠聞如秋蟬閱在人天中而鳴又如醉人聲此時能動不能飛可以掘而得及漸起離地面三尺餘聲響漸大不過數日候雷雨而出多在夏未秋初之間穿山破岸水激漸湧為害不可勝言安善識者於春夏間觀地之色與氣及未起二三月前掘土三五尺餘其卵即得其大如襲其圍至三尺餘多以不潔之物鎮之多備利刃割之其害遂絕或於雪後見其圓圓不存雪不生草木再硯其土之色與氣掘得其卵煮而食之味甚美此土人經驗之言也又有說用鐵與犬血及婦人不潔之衣埋其地以鎮之蓋蛟非龍引不起非雷震不行鐵與藏物所以制之也又有說蛟畏金鼓夜畏火光夏月田間作金聲以督農則蛟不起即或起而作波但見火光聞金鼓聲其水勢必斂退又云蛟畏荆樹蓋荆汁能治蛟毒也又聞深山

老人云夏秋連日夜雨則豎高竿掛一鐙籠可避蛟也諸公頗近理故錄以示庶幾弭患於未然論爲政之大體自當以修德行仁爲挽氣化弭災眚之本此外何足道哉然而爲民父母之心無所不周不得不多方以蕢敉濟踵古人而行之或有裨於萬一受人之牛羊立覩而不救非牧也況受一方之百姓而職任撫循明明有彌災之說顧嫌其迂而斬傳清夜捫心何以自處各府州縣共體此意善爲措置縱不能全彌其患亦當竭盡乃心況人事既盡安知天意不可挽回乎如有地方棍徒挾仇欺詐借伐蛟之名而挖人之基宅掘人之墳墓以破人之風水來龍則又當從重治罪斷不可輕宥各府州縣宜擇地方之善識者詳加審覈如與前說昭合即躬親詣驗料理又當刊刻其法廣布四方使家喻而戶曉之也

八月初七日西鄉周安大雨雹損禾稼

【民國】南豐縣志

包發鸞修　趙惟仁等纂

民國十三年（1924）鉛印本

祥異志

前志附祥異於星野續志謂蕞爾一邑詎能按分星度數倣康氏武功志不書星野僅以祥異立門今仍其說蓋和氣致祥乖氣致異一家且然況一邑乎

宋熙甯間游側妻劉氏產鮎　元符三年庚辰鶴百餘翔境內　嘉定十五年壬午大水　十七年甲申大水　紹定四年辛卯大飢　咸淳四年戊辰五月大水拔廬舍傷禾稼　元至元十八年壬午大水　二十二年乙酉大水　二十四年丁亥大飢　二十八年丁卯飢　大德七年癸卯夏五月飢命減直糶糧　延祐二年乙卯五月飢發廩賑糶元史　三年丙辰四月飢發廩賑

之豫章書至治三年癸亥南豐州民飢賑之元史　泰定二
年乙丑四月飢以糧賑之元史　至正十三年癸巳大旱
十四年甲午大飢　明天順六年壬午學宮火　成
化十年甲午大飢　十七年辛丑大飢　宏治八年乙
卯通濟橋火　十五年壬戌二月朔地震　十六年癸
亥飢知府舒崐山發粟賑之　正德六年辛未正月十
一日地震七月初昏有星隕如雷　九年甲戌春旱
十五年庚辰雨雪　十六年辛巳地震　嘉靖元年己
卯至四年壬午皆飢　五年癸未雨雹大如盌形如人
面明史五行至　八年己丑大水平地丈餘　十二年癸巳
十月星隕如雨十一月地震　十五年丙申夏四月卿

雲繞月　十九年庚子大飢　二十一年壬寅冬十月有虎自北城入縣廨跳踐民屋入樓殺之　二十三年甲辰夏大飢秋冬大疫十一月通濟橋火　二十四年乙巳夏旱　二十八年乙酉歲大有　二十九年庚戌大有年　三十七年戊午淫雨城壞　四十年辛酉大疫　四十一年壬戌儒學櫺星門災　四十二年癸亥大水壞通濟橋　四十三年甲子飢冬雷電　隆慶元年丁卯春日中有黑子相盪民間譌言拘刷童女競相婚配　二年戊辰旱傷稼　三年己巳旱　六年壬申十二月雷電　萬歷元年癸酉旱冬雷電虎暴村落　三年乙亥冬大疫　五年丁丑九月四日有星曳於西

南色赤如火少頃没晦日彗星見西方形如白雲勢若
拖練根五丈餘濶三丈餘長約十丈由尾歷箕越五度
斗至十一月二十九日乃止　六年戊寅大疫　七年
己卯旱江西通志　十三年乙酉有年　十四年丙戌大水
傷稼十月熊出覺源寺側山中僧衆捕殺之　十七年
己丑大疫死者枕藉　三十二年甲辰春通濟橋火十
二月地震　三十六年戊申九月通濟橋梁忽斷　四
十年壬子除夕大熱單衣流汗　四十二年甲寅大飢
秋冬不雨　天啓六年丙寅八月文廟火　崇正元年
戊辰春二月雨雪大寒河魚凍死　五年壬申夏雨黑
米味如炒麻大飢　十二年己卯有年　十五年壬午

夏四月飢　十六年癸未五月旱　十七年甲申除夕虎周行郊外　國朝順治二年乙酉九月四郊民居多火逼濟文明二橋燬　四年丁亥大水大飢　六年己丑東鄉有桃生梨實　十八年辛丑大水　康熙元年壬寅旱　五年丙午旱　六年丁未水　七年戊辰六月雨黑沙　十一年壬子四月大水　十五年丙辰大疫　十六年丁巳大飢　十九年庚申六月二十五日逼濟橋火九月九日雷大震　四十三年甲申五月大飢　四十五年丙戌惠政橋火　五十三年甲午七月大旱　雍正元年邑庠饒大章年百歲妻伍氏年九十八年庚戌有年　九年辛亥有年夏聚和城樓火

十年壬子惠政橋火　十一年癸丑大飢　乾隆八年癸亥飢　十年乙丑夏六月二十七都蛟水出湧數丈董家店漂沒四十餘戶　十八年癸酉二月十七日雨雹　二十年乙亥秋旱　二十二年丁丑大有年　二十六年辛巳九月二十六日戌時三十四都龍湖堡民人鄧君奇之妻朱氏一產三男題報照例賞給　二十五年五十三都塘磜堡孫世議妻曾氏年百歲後年至百有三歲　三十三年自正月雨至七月乃閉北門以祈晴歲祲　三十五年城內邱正禮妻章氏年百歲旌表如例　四十年大飢　五十年四十七都劉家嶺劉鄉賢妻謝氏年百歲次年旌表如例　五十七年夏五

月大水從西門入灌城燬房舍無算經一晝夜衝决東北城垣出漂没余家排居民數十家奉 旨賑恤
嘉慶元年城內監生揭斯裕年八十六歲五世一堂
五年秋七月大水東門外惠政橋圮四十二都羅坊漳潭等處漂没田廬至圖村無一椽存者後乃徙羅坊市於一里外 六年歲飢斗米錢四百五十文 是年城內貢生張煌妻劉氏俱年七十五歲五世一堂旌表如例 七年旱 是年十五都磔上堡吳德斗妻鄧氏年九十三歲五世一堂 二十五年大旱斗米錢四百二十文 道光元年大有年 四年二十八都黍溪堡叚錦江妻鄒氏年八十三歲五世一堂 五年夏五月大

雨傷稼　秋螟　十四年甲午大疫死者枕藉日暮路無行人　歲飢升米百文　二十九年己酉贈中議大夫歲貢生劉斯禧之繼妻鄒氏年八十歲五世一堂旌表如例　咸豐二年壬子十二月雷　三年癸丑正月大寒河冰樹木多凍死　六月霖雨二十日傷稼　四年甲寅大水南門子城圮　五年乙卯二十三都從九品戴文楷年八十九歲五世一堂旌表如例　四五月有星隨日落　六年丙辰正月朔大霧　六月雨雹大風拔木空中有物如龍　十一年辛酉六月長星竟天越三日變爲彗　同治元年壬戌大水　三年甲子西鄉竹上生人物狀　七年七月雨黑米　八年己巳四

月初八日大水二十八日又大水　雨豆如人面　雨
粟黑色　胡坑田間有虎邱姓兄弟三人捕殺之　十
年辛未正月朔雨木冰

（清）楊松兆、孫毓秀修　（清）彭鍾華纂

【同治】瀘溪縣志

清同治九年（1870）刻本

休咎

國朝康熙二十六年丁卯魏東洋妻黃氏一百歲

乾隆三年戊午林祥卿妻傅氏一百零三歲

三十年乙酉傅德言妻丘氏一百歲
三十七年壬辰秋大熟
四十年乙未大有年
嘉慶元年丙辰饒受祿妻黄氏一百歲
十八年癸酉四月　有鶴再集平步山上踰時始去
道光元年辛巳大有年
監生彭大鼇妻何氏五世一堂
監生單彬五世同堂道光三年有司詳請咨部具題奉
旨令撫部院賞給眉壽延慶扁額綵緞一端
道光元年武生鄧步蟾五世同堂年九十二歲時司訓黄
錫滋欲以其事上聞不果贈聯云天佑一堂四代子八稱

五代王公孫

道光二十六年生員李璜妻劉氏一百一歲

旌表五世同堂子六人孫十四人曾孫六人元孫一人

明萬歷七年己卯夏五月下黑黍狀如樟子炊之可食六月

雨雪

八年庚辰夏六月雨雹大如雞子碎屋瓦折樹枝

秋八月地震聲轟如雷河水湧起

十六年戊子大饑

十七年己丑大疫

三十一年癸卯春三月大風雨雹屋瓦皆裂

三十二年甲辰秋七月地震冬十一月又震房屋柱礎響

裂

三十七年己酉大水傷禾稼

四十年壬子大水壞田畝秋八月雨雹大如石塊有稜角

天啟七年丁卯旱荒

崇正九年丙子大荒

十一年戊寅文廟燬

十七年甲申地震民大疫

國朝順治四年丁亥歲大祲民多餓死

六年己丑斗米六百錢餓殍載道

十一年甲午大疫死者無算

康熙四年乙巳大水復旱

十年辛亥田禾半收

十一年壬子旱蝗入境民多疾疫

十三年甲寅夏四月二十日夜有赤氣自北而南長約數

十丈尾流星光没後白氣經天歷時乃散

十七年戊午秋七月降霜蝗入境

二十二年癸亥夏大水

二十七年戊辰夏六月連日大雨平地水高數丈民溺死

無算

五十六年丁酉饑

五十九年庚子秋七月大旱

雍正八年庚戌夏六月六日寒風疾雨平地水丈餘二十

七日復大水

乾隆二十九年甲申冬虎白晝傷人近山居民苦之官使善獵者禽獲牝牡各一始安

五十年乙巳二月二十三日夜大雨雹附城二三里屋瓦盡碎田野蔬麥立槁

嘉慶二十五年庚辰夏大旱三月不雨田禾不及半收

道光十四年甲午夏大水年饑甚死者無算餧豬糠粃山田野菜人爭食之

道光二十年閏太白經天晝見西方長數丈月餘沒

咸豐六年春虎入城七月粤匪至

咸豐七年秋慧星見東南光芒如旗角閃動

是年九月粤匪踞高阜月餘有白氣如馬長約數丈由獅山騰至霧濃村時依山麓時抄樹杪往來半日始没

八年戊午秋大疫死者相枕藉

又某月日辰刻空際磤響聲不絕似有火光迸射逾兩刻始止咸以爲天鼓鳴云

十一年辛酉夏慧星見北方

是年六月上棣州有青蠅集其村福王殿堦壘如蝗高數尺積以至村橋約數十丈其數殆不可億計七月賊至其村殺數人擄數十人焚掠而去

同治元年六月朔夜地震牀榻摇動門環鄖當有聲牛馬鷄犬皆嘶鳴天明始息

三年甲子張家坊居民夜靜聞哭聲遠來甚悲穿街過巷隱隱應鄰村而去令人鼻酸膽裂旋傳某地鬼哭數十里間之同日殆所謂奪門吊客者歟

是年夏大水壞田禾道路橋陂無算城外接龍橋原石墩冲倒二座

八年己巳夏大雨水溪澗河流一時並漲田塗傾淤者不可勝記有某山腰裂數丈居民盡聞鉦鼓之聲黑霧中似有神物騰去

【同治】進賢縣志

（清）江璧等修　（清）胡景辰等纂

清同治十年（1871）刻本

進賢縣志卷二十二

雜識　禨祥　兵革　古蹟　坊表

禨祥

天道有常運四時有常行禨祥者異乎常者也春秋書災不書祥示警也言事不言應責人也人事盡於下天道回於上則人定可以回天而恐懼修省烏容已歟志禨祥

宋寧宗慶元二年庚申縣民産子首有角腋有肉翅面具三目有尾

元至元二十九年壬辰大水

至正庚辰甘露降

明洪武十七年甲子芝十本產於學宮前

永樂十三年乙未大雨江水漲舟行樹杪壞廬舍没禾稼命户

部差官行恤

洪熙元年乙巳久雨傷稼命户部蠲租

宣德八年癸丑大雨江溢漂民居巡撫趙奏蠲租按院奏免工

部坐派諸色顏料竹木鑄錢等項

九年甲寅獲白鵲於白田貢之是年大旱

正統五年庚申霪雨江漲没旱禾六月後大旱枯晚禾命户部

賑恤

八年癸亥野蠶成繭於縣樹雲溪生並頭蓮

十二年丁卯堯城山生瑞竹一木三幹

十三年水災民乏食巡按芮請賑濟

十四年己巳又大水芝生縣石柱

景泰七年丙子霪雨七月大旱晚禾俱槁巡撫韓奏豁秋糧

天順五年辛巳災三月民居殆盡

成化六年庚寅縣治生雞冠花如鳳是年譙樓災

十年甲午水

十一年乙未瑞竹一本二幹生貞隱鄉艾氏宅

十五年己亥饑

二十一年乙巳大水閉城五日漂人畜甚多

宏治十四年辛酉大水免稅有差
十六年癸亥又水免子粒
十七年甲子大水
正德四年己巳大雨雹夏六月大水南鄉盜起
六年辛未正月朔地震
八年癸酉自夏至冬不雨秋日晦數刻如夜見星
十一年乙亥民饑死者相枕藉布政陳奏停秋徵
十三年戊寅水免夏稅
十五年庚辰正月至三月霪雨夏四月大水免稅
嘉靖元年辛巳大水饑免起運米

二年壬午大水浸縣治

四年甲申饑秋免糧並差

五年乙酉大旱改折免米六月大雨七月蝗

三十一年壬子又饑免稅糧

三十五年丙辰大水饑免存留稅糧以九江船料贛州鹽稅補給宗祿

三十九年庚申大水免存留糧差仍以贛鹽稅補給宗祿

四十一年壬戌四月至六月大水沖決民田廬免稅秋糧

四十二年癸亥大雨雹

四十三年甲子水免秋糧有差

隆慶二年戊辰饑巡撫劉光霽奏免秋糧又改折南京倉米是年冬奏准行一條鞭法

萬歷七年己卯崇禮鄉生嘉禾一莖三穗

十四年丙戌大水蠲賑有差是年甘露降仙鶴峯

十五年丁亥大水饑知府范䘵請弛長河魚禁予民

十六年戊子饑免秋糧有差仍弛魚禁

十七年己丑不雨至秋大疫

二十四年丙申並頭蓮生金鼠輔池一莖兩花

三十一年癸卯三月甘露降於縣北邱溪里色如凍蜜味甘

三十五年丁未邑災燬民居二千餘家

三十六年戊申大水民饑死甚衆巡撫衛奏改兌折粟賑賚仍
弛魚禁
三十七年己酉大水饑巡撫顧請蠲恤令周光祖有遇災詩四
首
三十八年庚戌地震屋瓦有聲
四十二年甲寅大水邑中饑邑人熊明遇建議改折是時巡撫
大蒙王公佐惠綏通省邑宰錢公士貴詳議折兌之法西昌
喻公致知給事畱垣具疏贊成南糧全折北糧折十分之五
每石止二錢五分
四十六年戊午秋彗星見

四十八年壬子六月羅盤里凡塘水午時溢高尺餘次年癸丑

金德潤登進士

泰昌元年十二月大雨雪

天啟五年乙丑芝生金進士廳堂倒垂葉交織風吹則動一十

七片色白而淡紅士大夫俱贈以詩賦

六年丙寅田潦

崇正九年丙子潦

十四年辛巳大潦民饑是年撫按題請改折南糧明年布政司

經歷林之秀載穀七百石遍賑三陽北山梓陂等處

國朝順治三年丙戌夏秋大旱民饑

四年丁亥春夏大水斗米至銀七八錢民食樹皮殆盡
七年庚寅潦巡按趙公如瑾具題稍減正賦從之
康熙三年大旱禾苗盡槁民饑是年蒙免額賦十分之三
四年又旱地盡赤饑民遍覓食蒙縣申詳發賑老幼賴存活縣
單騎履畝勘報是年蒙免額賦十分之三
五年秋災八分是年蒙免額賦十分之二
六年夏大澇河流一夕水湧二丈餘漂民廬没禾稼縣申詳發
賑蒙減額賦十分之三
九年秋大旱民饑蒙免額賦十分之三又冬大雨雪一月高地
深數尺低窪丈餘道多凍死

十年夏五月旱至八月乃雨草木皆枯田地顆粒無收米價騰湧民拾蕘菜樹皮草根爲食縣申詳發賑穀下縣存活無算

是年免額賦十分之三 以上聶志

十三年甲寅旱知縣胡鼎生褫冠跣足暴烈日中懇禱三日膚盡脫不雨自枷其項詈曰失職令某大哭於壇民亦哭餓大雨四境霑洽

十八年己未旱巡按安世鼎委勘題賑

二十一年壬戌潦傷稼巡按佟康年勘題蠲賑

五十三年甲午十二月大雨雪冰凍人畜多傷

五十五年丙申四月二十九日水浸縣堂七月旱山鄉禾盡槁

六十年辛丑大旱早晚禾收十之一二
六十一年壬午旱
雍正四年丙午潦傷稼奉
旨蠲免有差
十一年癸丑五月暴漲漂廬舍人畜無算七月初九日縣城災
乾隆七年壬戌饑穀價騰湧石壹兩三四錢
八年癸亥潦民食樹皮及觀音土巡撫陳宏謀奏請發帑採買
鄰省米接濟本府吳同仁發粟下縣檄令姚夢麟減價平糶
設廠賑粥全活無算
二十一年丙子十一月十八夜地震屋瓦有聲

二十二年丁丑四月二十二日各山發蛟廬舍人畜漂溺無算

二十九年甲申大潦四月水封城門舟行縣治至十月始退明年春

高宗純皇帝南巡聞江西饑調江蘇巡撫明德査奏賑貸兼行廣設粥廠全活無算

三十年乙酉潦勘報照例減賦

三十二年丁亥水勘報題減有差

三十三年戊子水勘報題減有差

三十四年己丑潦分別題免停徵有差

四十三年六月二十三日縣城災以上羅志

四十八年癸卯大水

道光三年癸未大水

八年戊子八月霪雨連旬秋水泛漲

十一年辛卯大水米價乙石五千零

十三年癸巳大水

十四年甲午大水

十五年乙未大旱自夏徂秋不雨禾盡槁八月蝗蟲遍滿飛蔽天日九月水漲低窪之苗稼蟲蝕漂沒民食草根樹皮觀音土餓死者甚衆

食觀音土詩有序　　進邑欽風鄉黃泥壠出觀音土　齊廷勝

嘅夫茹毛食木、遐哉太古之風、吸露餐霞、邈矣神仙之趣、嚙鐵曾傳蘇武節、厲丁年、吞紙閒有朱詹、學勤子舍、亦知不火食、不粒食、別標物色於風塵、然觀若儒家、若農家、安享饔飧於朝夕、從來聞取一撮之地、聊向土銼而代烹、和一丸之泥、漫同土物而投箸者也、孰料鉢裏曇花忽現、莫隔蓬山兮萬重、胸開芥蒂俱無、欲吞雲夢者八九、豈非土不畜、滿懷之塊壘難澆、何借箸而籌、中心之磊落如結、時也辛辰祈穀、方社無靈、甲乙書年、旱魃為虐、日方熾炭、雨既如珠、土不生毛、炊眞是玉、又況螟食心、螣食葉、蟊食根、賊食節、比翼而飛、舉凡牛宜稌、犬宜粱、雁宜麥、魚宜苽、轉瞬而盡、書中雖有千鍾粟、而文字原不療飢、目後雖封萬石厥而體膚先不勝餓我希點鐵成金之術人乏指囷輸粟之情君子亦有窮乎叫幾聲阿彌佗佛乞人端不屑也仗那位救苦天尊爰有靈感觀音化爲福德土地雲釀菩提之子一團瓊粉長成露洒楊柳之枝萬斛珠塵湧出入口則泥滑滑其潤如酥吐口則舌稜稜其霏似屑爲民命請天命隱藏著百千億身視人飢由已飢活現些三十六相地不愛寶此生證粟影如來色即非空到處認蓮花世界是續命七返散是還魂九轉丹不必黔敖路食以粥不必子罕戶饟以鍾儼然戴記十二食之中還相爲質特於周官十二壤之外聿錫嘉名信佛法之無邊知生靈之有福殘膏賸馥都成黃口之兒災殃化塵試驗白

衣之咒不唯顯大慈發大願顧游戲之仙人庶幾禦大患捍大災配享祀於先稷者歟僕命多舛午生不逢辰每愁硯地荒蕪亦多惡歲孰謂情田耕種必有豐年岌岌乎身其幾餘空賦三星之在霤赫赫乎旱既太甚竟遭七日之絶糧將學李下廉夫欲易粟而未工織屨將學蘆中窮士欲乞食而不善吹簫予其死於道路乎時亦轉諸溝壑耳何幸山靈不遠毋德無疆南海有神肯速我爲北邨之鬼東道作主若欵我爲西都之賓煮翻壺裏乾坤一般靈石食異人間煙火數粒香埃殆謬所謂仰面求人不如低頭求土者矣雖然非藍田兮玉種非丹竈兮珠流只道此有土即此有財詎誠可求安又可求飽飛灰滿面莫障

光覡之塵，積壑塡胸，糈光漂母之飯。不嗅我泥菩薩，則笑我頑佛逃生；不呼我土偶人，則疑我吞炭爲啞。回憶食不厭精者，能無食不下咽耶。是以因淨土著，聲靈先奏，奐而作序。殊飯夫覔生活，更打鉢以催詩，願法雨之清塵，澤被苗黍，仰大風之吹垢，祿養鼎鍾，油油爾食德飲和，坦坦如戴高履厚。何懼天災時至，無麥無禾，且濟飢，咸歌神力普存，有幹有年於茲土。

黃土搏人已有年，而今立地佛依然，幻成雲母輕霏粉，戲嗅觀音種出秈，不道揚塵炊作飯，翻教獲石寶如田，莫云米等泥沙賤，稿壞生涯實可憐。

競說天開粟窖藏，一坏分得二紅香，何人琢米堆成谷。幾處量

沙認散糧似有仙方餐白石可無佳麥熟黃梁衰哉苦命眞如土願發慈悲大救拔

從來六府共修和穀產誰知讓土多也恨塵心消不得奈無糠覈欲如何擲珠莫怨麻姑遶雨粟休疑玉帝苛想是前身泥塑佛殘同染指笑呵呵

榆錢不及買青春糜粥何由活餓人塊土獨蒙天賜異汙尊儀對古風醇石兼濊處悲殘齒泥未歸時現化身貌似山癯黃幾許功疏面壁也同塵

呼癸呼庚處處同半弓地當米雙弓果脩羅漢三生外心在阿婆一片中莫怪小人懷念切祇緣大士顯神通林間多少觀音

竹、怎及弭裁救患功、

飯抄雲子拜神休、露積家家野不收、此地合呼高廩邑、是山宜號太倉州、閘香遜逐黃泥坂、進邑欽風鄉黃泥壠出觀音土汎粟空思辭縣舟、腸似鐵來心匪石、未知塵刦幾人留、

內顧家無擔石儲、又兼鷄黍故交疎、荒田未種郎君芋、老圃惟餘佛影蔬、滿甑非關埃自墮、採山仍覺美堪茹、好從蒜友瓜朋外、補入鄉廚食品書、

遮莫三黃學煉烹、丹砂一粒搗雲英、瑤池液瀉銀泥落、香鉢光生土篋盛、畫餅不妨隨地啖、邏齋何必候鐘鳴、金鹽玉豉調和好、賽似東坡骨董羹、

平生不肯食嗟來，枵腹無如響似雷。世轉法輪千子護，山隨力士五丁開。聲非嘐爾翻虞蹴，心自雄豪未便灰。挑土築墻喇吃飯，齊東野語費疑猜。

只言陶穴共居寒，仁者安仁士亦安。饋我盤飧无異物，辟他穀食有餘權。醫貧未操庚辛藥，度世猶傳戊已丸。豈但作甘爰稼穡，從今味外識鹹酸。

咯咯喉間食有音，老來祝噎哽難禁。却愁蓬顆終埋玉，敢望山珍侈饌金。腑守拘墟凝不化，腹多積痞痼逾深。何如灑脫超塵壒，細嚼梅花當點心。

瘠土何愁産不毛，土膏未減餉脂膏。爲矜煙爨虛黔突，任向風

詹笑老饕德感飽餐同地厚望鶩積穀等山高他年得吹紅綾餅母惠無忘祀棗餻

十六年丙申秋乾詳請緩征三分之一

二十六年丙午旱

二十八九兩年戊申己酉大水北鄉廬舍漂沒民無所安居城內大街泛舟衙署頭門二門水深三尺餘與大堂之階平獄犯遷移數十年來水未有大于斯者

咸豐三年癸丑六月霪雨穫鮮陽暴穀多芽

八年戊午三月雨雹大者重六七斤打傷飛禽自太平渡南二三里許橫過七里岡至潤溪四五十里南北四五里荳麥傷遍

同治元年正月堅氷厚六七寸長江大河可過車馬即急湍亦凍

八年己巳大水縣主江詳請緩征撫卹

九年庚午二月雨雹大若鵞卵由建昌撫州而來經進邑過東鄉餘干等縣

【光緒】吉安府志

（清）定祥、特克紳布修　（清）劉繹、周立瀛纂

清光緒二年（1876）刻本

吉安府志卷五十三

雜記 祥異　逸事上　逸事下

祥異

案祥異一門盧志俱本府舊志間採豫章書以補之今考據正史及通志補缺訂訛悉爲注明其不注者皆府舊志及盧志也

晉太康八年丁未四月木連理生廬陵東昌 宋書符瑞志

太興元年戊寅二月廬陵地震山崩 晉書五行志盧志通志俱失載

冬十二月廬陵地震湧水出山崩 同上

興寧三年乙丑五月癸卯西昌僵栗復生 晉書五行志宋書符瑞志盧志案晉書云西昌修明家有僵栗樹是日忽復起生識者謂孝武嗣統帝諱昌明西昌修明之祥實應焉攷晉書云自是史官附會姑錄備攷

咸安二年十月辛未安成地震 晉書五行志盧志通志俱失載

大元八年癸未三月廬陵大水平地五丈

十八年癸巳六月己亥廬陵大水深五丈

義熙八年壬子正月至四月廬陵地四震以上晉書五行志

宋元嘉二年乙丑五月廬陵郡池芙蓉二花一蔕太守王淵以聞盧志郡訛縣

六年己巳三月丁亥白象見安成安復江州刺史王義宣以聞

泰始六年庚戌七月壬午白雀二見廬陵吉陽此下盧志有二縣二字誤內史江孜以聞以上宋書符瑞志

齊建元二年庚申夏廬陵石陽縣長溪水衝激山麓崩下得柱千餘口皆十圍齊書五行志　案齊志又云長者一丈短者八九尺題頭有古文字不可

識江淹以問王儉儉曰江東不閑隸書此必秦漢時柱也曰得柱千餘口曰題頭有古文字其詞甚明盧志引作出古木千章又改柱作樹並誤

永明四年丙寅四月東昌得古鐘一枚齊書祥瑞志 案齊志云東昌縣山比歲以來恒發異響云二月十五日有一巖褫落縣民方泰往視於巖下得古鐘一枚復案盧志引豫章書云永明三年五月安成榆樹連理考齊書祥瑞志載永明元年五月木連理生安成新渝縣蓋其時新渝屬安成郡此紀新渝事於吉安無涉盧志之為文訛無疑今刪之

梁天監五年夏四月丙申廬陵高昌之仁山獲銅劍二梁書本紀 案劍有文云薄伐凶醜龍淵耀質匈奴將滅白旗表旌見豫章書互詳前仁山條內

大同八年壬戌安成土人劉敬躬得白蛙化為金龜禱之多驗遂以妖術叛 案此事不見於史通志亦未載不知府舊志何據安成舊志訛作安福今正之

復按隋書天文志云大同五年十月辛丑彗出南斗長一尺餘東南指漸長一丈餘十一月乙卯至婁滅占曰

天下有謀王者其八年正月安成民劉敬躬挾左道以反黨與數萬附識於此以備考

太寶二年辛未六月龍見西昌陳書本紀盧志作白龍見西昌注云南史武帝發贛石水暴起數丈陳霸先入援進軍頓西昌有龍出水濱高五丈五彩鮮曜又見徐鍇大記周必大龍洲書院記今案南史陳武帝本紀載帝發南康贛石舊有二十四灘灘多巨石帝之發水暴起數丈三百里間巨石皆沒進軍頓西昌云云與陳書本紀之文悉同盧志引南史而改易其文殊不合蓋其時梁武帝爲侯景所困陳武帝霸先入援發自南康曰武帝發贛石曰陳霸先入援文理舛誤不可通矣且史文惟云有龍見志作白龍見亦誤今正之

隋開皇十一年辛亥西昌地產嘉禾

唐顯慶元年丙辰九月戊辰吉州火焚倉廩甲仗民居唐書五行志　案唐志稱戊辰恩州吉州火焚倉廩甲仗民居二百餘家謂是日二州共焚民居二百餘家也盧志稱吉州民居悉燬則失實通志作元年秋七月誤盧陵志同誤

開元二年甲寅有二龍戲於武陵源土崩石裂因名龍泉[illegible]

永泰元年乙巳慶雲見於遂興

元和七年壬辰五月吉州大水唐書五行志　盧志作是年冬十一月吉州大水通志引豫章書作是年秋吉州水皆不知何據

長慶四年甲辰十一月吉州大水

大中間遂興江口五色祥雲見因名五雲今隸萬安

唐末安福縣有牛生六犢又有蓮生一莖四房時楊彥伯爲宰盧志引豫章書　案安福蓮生四房見通志引豫章書而牛生六犢不見於通志未知豫章書曾載此事否

南唐間紫芝生廬陵歐陽家屋楹通志引六一居士家譜　案周益公文集書安福劉德禮家紫芝詩卷云昔安福令歐陽萬五世孫柳實文忠公之曾祖歷仕南唐家於安福性至孝兄弟相

友愛有紫芝一莖兩葩生於楹即其事也詳藝文

李後主時廬陵歐陽氏子忽化為女嫁人生子江南野史

宋開寶八年乙亥龍泉水北桐木樹有五色祥雲竟日方散人以為開治之兆

開寶中吉州城頭有人面方三尺睆目多鬚自旦至酉乃沒江南餘載

湻化元年庚寅六月吉州大雨江漲漂壞民田廬舍宋史五行志通志引豫章書作江漲丈三尺府舊志作四月及五六月州境水漲丈三尺

三年騶虞見於龍泉南門外

祥符元年戊申冬十月甘露降於龍泉縣治東

三年庚戌龍泉縣龍見於池邑人即其地建龍池寺府舊志

月吉州江水泛溢害民田宋史五行志盧志作八年誤

景祐三年丙子六月吉州久雨江溢壞城廬人多溺死同上

慶歷四年甲申吉州甘露降通志引豫章書盧志失載龍泉金輪山生芝四本蓮葉

皇祐三年辛卯十二月甘露降吉州宋史五行志府舊志云知州王囿以聞案通志引仁宗實錄作四年廬陵安福志同

嘉祐二年丁酉夏五月龍泉五華山下龍馬相鬭片時雲起暴雨迅雷其地因名馬龍

熙寧二年己酉夏六月吉州城西池生瑞蓮豫章書八月芝叢生廬陵玉虛觀十月甘露降於天慶寺又熙寧間萬安有五虎自蕉源突入民舍一道人敲銅具祝曰虎不殺

人新邑以寧果無所害

元豐六年癸亥龍泉縣丞門東産芝之莖夏四月大旱六月大水府舊志 八月吉州芝生三十三本宋史五行志盧志失載

八年乙丑芝草二本生州治獄門東又生郡齋生西峯寺有異本同穎者太守作秀野亭黄庭堅記改三秀寺

大觀四年庚寅夏龍泉縣大豐陂報産嘉禾四五穗歲大有

政和間吉水匡山李籌兄弟母墓木連理豫章書

宣和間永豐曾正矩家蓮一莖三葩豫章書

建炎三年己酉吉州修城役夫得髑髏棄水中俄浮一鐘詳坵墓 泰和城隍廟大墑災時金人渡江 夏四月龍泉聞天鼓鳴一二時乃止 秋八月有怪鳥高五尺赤色

自南飛來止於龍泉南門脊上三日明年彭友屠城一

紹興三年癸丑吉州饑宋史五行志　案豫章書云是年吉州饑令宣慰使賑之春三月盜焚龍泉縣治譙樓文廟民舍一空

四年甲寅自夏及秋江水漂沒民舍

十七年丁卯龍泉王珠母墓有雙竹靈芝

乾道八年壬辰五月吉州大雨水漂民廬壞城郭潰田害稼宋史五行志　盧志通志俱失載

九年癸巳吉州久旱無麥苗秋吉州螟宋史五行志　盧志失載

淳熙三年丙申春三月大雨害禾稼

七年庚子吉州大旱自四月不雨至於九月宋史五行志

九年壬寅吉州大旱夏五月不雨至於秋七月同上

十年癸卯八月乙丑吉州大霖雨至於九月 九月丁卯吉州龍泉縣大水漂民廬壞田畝溺死者衆同上盧志通志俱失載

十一年甲辰吉州旱四月不雨至於八月同上盧志失載

十四年丁未五月吉州大旱同上盧志失載

十五年戊申吉州治東池生雙蓮太守朱希顏有記豫章書盧志云一莖三葩

紹熙四年辛丑八月吉州水漂沒民廬及泰和縣官舍宋史五行志盧志失載

慶元元年乙卯五月龍泉石含山蛟出頭尾皆現壞禾稼有豬苗獵於山拾一桃吞之是夜身首添長數尺不知所終案石含山盧志作含山誤也

六年庚申大水六月大雹如雞卵

嘉泰二年壬戌秋白鹿見於龍泉之南坪

開禧二年丙寅吉州旱宋史五行志盧志失載

嘉定二年庚午九月丁酉吉州火燔五百餘家宋史五行志盧志失載

十四年辛巳吉州旱宋史五行志府舊志作是年旱蝗秋八月龍泉遂水有聲如鐘鳴

嘉熙四年庚子夏六月大旱蝗

咸淳三年丁卯有星隕於龍泉院旁氣貫如虹十月鵝村民封正己家牛產犢一角鱗身肉尾

十年甲戌正月己卯永新有氣如虹霓起城東江水中橫貫一邑須臾覆蓋城西門亡何元師壓境叛賊劉槃引兵

陷城諸勤王大姓屠滅盧志引縣志作正月乙卯案是年正月無乙卯通鑑續編作己卯今從之

元至元十四年吉安大饑人相食元史五行志盧志失載

元貞元年乙未夏六月大水

二年丙申蝗

大德十一年歲大饑

泰定元年甲子五月有鳥狀如黃雀聚龍泉百千成羣害禾稼全郡皆饑案是年五月吉安饑見元史

至順二年辛未吉安大饑

元統元年癸酉九月吉安路水元史五行志盧志失載

二年甲戌三月吉安境雨毛如綿

至元元年乙亥五月永新州饑賑之元史本紀盧志失載

四年戊寅五月吉安永豐縣大水元史五行志　盧志引豫章書訛至元四年爲至正四年

至正九年己丑秋七月龍泉虎山崩裂流水如血邑西南山若移動疾風霆雹陷沒民居及南北二溪有牛吼經月

十二年壬辰正月有星隕於吉州城東北其光如火其聲如雷豫章書

十三年癸巳吉安大旱元史

十四年甲午四月大雨水溢數丈漂沒民舍田畝

明洪武元年戊申永新州大風雨蛟出江水入城高八尺八多溺死事聞使賑之明史五行志　盧志通志俱失載

三年庚戌泰和縣廳樑柱芝生二莖狀如慶雲絪緼五色燦然光潤秋縣南陳煥章家芝生三莖其色絢爛光彩奪目盧志陳煥章作陳奐三莖作二莖今從林通志

五年壬子秋龍泉城南長壽寺產芝二本

永樂二年甲申郡屬大水歲大饑人相食

三年乙酉龍泉學宮產五色紫芝有白鶴翔於大成殿上是年四李三郭登榜

八年庚寅三月吉永豐縣學生黃瑞家竹一本二榦豫章書盧志脫吉永豐三字

宣德間廬陵城北溪傍產嘉禾一莖九穗

三年戊申七月永新珠坑村地陷十七所明史五行志盧志通志俱失載

六年辛亥二月甲午安福大雷雨白泉陂羊塘地陷二一深三尺廣十餘丈一深六尺廣一丈有奇明史五行志盧志通志俱失載

正統二年丁巳四月郡屬大水壞民田舍五月龍泉芝生儒學時習齋又泰和芝生儒學

十二年丁卯五月吉安江漲渰田明史五行志盧志通志俱失載

十四年己巳四月吉安水壞壇廟廨舍明史五行志盧志通志俱失載

成化十六年庚子五月安福大水高十餘丈漂沒溺死無算

十一月永寧見五色雲捧月

二十二年乙巳五月吉安大水高十餘丈漂沒田廬溺死者無算豫章書

宏治元年戊申龍泉縣境產瑞禾九穗

三年庚戌春泰和天馬山鳴通志引自下大記

十年丁巳龍泉大雨雹形如牛首重十餘觔

正德五年庚午夏野彘自南來入萬安城隍廟邑人劉玉占

主城郭坵墟冬十二月流賊果至殺戮無算

四年吉安自四月至冬不雨通志引豫章書盧志失載

六年辛未廬陵雨血着衣皆赤

八年癸酉七月火隕龍泉縣焚四千餘家明史盧志通志俱失載

十年乙亥八月朔辰刻日食昏暗如夜星辰皆見庚辰永寧

桃李冬花梨樹生棗

十四年己卯七月夜吉安城雨血衣沾皆赤泰和龍泉皆然

安福西北鄉大水山崩邑民袁雌雞變雄是年宸濠反

十五年庚辰春吉水南山悟空寺生竹一本四榦通志引豫章書盧志失載

嘉靖二年癸未龍泉城內義井醴泉出香味如酒

三年甲申七月永寧大風雨雷電拔木撼石

六年丁亥春大旱

十二年癸巳秋七月吉安西北星隕如雨安通志蝗虫滿野

十四年乙未秋七月吉安水通志引豫章書盧志失載

十七年戊戌夏永新水入城內丈餘廬舍漂沒

二十一年壬寅吉安大旱通志引豫章書盧志失載

二十三年府屬大旱饑且疫二麥不收

二十四年乙巳永寧縣人謝容儼宅產靈芝吉安大饑大

疫夏四月泰和土赤飯亦赤通志引豫章書盧志失載

二十六年丁未泰和天馬山鳴

二十七年戊申永新大饑牧童拆泰和社稷壇主一夕大雨雷霆

二十八年己酉五月十日永寧無雲雷電

三十年辛亥春龍泉大水

三十七年戊午秋月泰和境東方白氣如刀相傳爲蚩尤旗主兵

三十九年庚申泰和天馬山崩水湧出螺數石大者如拳未幾寇至居民被禍甚慘通志引白下大記

四十年辛酉秋永寧瘴作疫死千人

四十四年乙丑六月府屬霪雨田稻生秧

隆慶二年戊辰夏四月芝生泰和冠朝

三年己巳夏四月大饑

萬歷五年丁丑秋閏八月府屬雨小黑實永新永寧人病癉死者無算

十一年癸未吉安大水通志引豫章書盧志失載

十二年甲申府屬大水傷禾稼

十七年己丑府境大饑

二十二年甲午二十四年府境大水漂沒廬舍民饑

二十五年丁酉夏四月泰和疾風拔樹壞屋豫章書

二十八年庚子秋吉安地震

三十一年癸卯秋龍泉有黑獐如犬夜入南門蕭氏家遂火災

四十二年甲寅安福大饑

四十三年乙卯夏六月安福王某自外歸有雲如匹練隨之入室化爲白龍尾指天而首向下睛鬣角爪皆具王驚呼家人環拜鄰舍喧傳聚看移時乃滅徐世溥雨禪新漚

四十四年吉安大水民饑安通志盧志失載

天啟三年四年府屬旱饑

五年乙丑二月大雨雹三月夜龍泉項家墻內有蜈蚣長丈餘出洲上

崇禎六年癸酉安福地震

七年甲戌十月安福城內三門起火

十二年己卯十二月龍泉聞天鼓鳴移時乃止

十四年辛巳龍泉水口大水蛟出長十餘丈角爪皆具漂沒田禾民舍

十六年癸未大旱

十七年甲申二月上丁日府學明倫堂中樑忽墜同日縣學明倫堂雷劈棟柱三月聞京城闖變

國朝順治二年乙酉七月日午有星如火墜下丈餘轟然有聲是年江西吉贛諸郡尚未歸版圖明年吉安屠城

三年丙戌龍泉境盈珠一里許甘露降夏四月天門開於西南見五色雲如畫

五年戊子府屬縣大饑斗米銀七錢又大水

九年壬辰大旱

十七年庚子八月府境大星自西方流於北衆星隨者無數

是年泰和王山崩裂如潰疽田廬人畜俱沒

康熙元年壬寅春龍泉縣境五色雲見

六年丁未大水秋府境白氣出東方直射中天三夜乃滅永新縣秋晴忽聞霹靂墜巨石於南鄉

七年戊申三月十三日府境雨雹十六日又雹以掌承之化爲污泥又東源張氏田隴忽陷一畝深丈餘

十年辛亥府屬大饑安福旱饑知縣張召南賑之

十二年癸丑泰和天馬山鳴三晝夜永寧縣左地震旬日

十三年甲寅正月朔日子時永寧縣雷電大作

十六年丁巳春永新西鄉虎晝出

十七年戊午安福縣三四五月大饑知縣張召南捐貲煮粥賑之

十九年庚申十月泰和境西方白氣如長虹光焰數丈

二十五年丙寅二月安福縣黃龍菴前生竹一本雙幹[illegible]

三十年辛未夏永寧出蛟水決沙塞田二百餘頃白通志盧志失載

三十五年丙子盧陵雹大如碗內有魚蝦草藻其年麥大收

四十三年甲申府屬春夏大荒泰和水溢入城

四十四年乙酉夏盧陵各縣水巡撫郎廷極勘報蠲賑白通志

四十九年庚寅六月永新玉女廟夜半水起坍廟墻神像漂

出立而不仆五十四五兩都淼若巨浸水中聞鐘磬絲竹聲

五十二年癸巳府境大水民饑

五十五年丙申泰和武山北巖石黿鳴夏大旱

五十九年庚子府屬大有秋

六十年辛丑四月安福城內東山寺塔頂有氣如烟如髮隨風繚繞三日乃止（雍正癸卯恩科獲雋十人適應斯兆）

六十一年壬寅秋八月朔府境見兩日相盪

雍正元年癸卯正月龍泉萬安並甘露降

二年甲辰永新虎患（垂十餘年不止傷人無數）

九年辛亥十一月永豐戴大業家重開牡丹

十年壬子安福大稔萬安大水西塘鄧林等處衝塌房屋又

龍泉縣大水壞禾稼民大饑

十一年癸丑五月泰和雙鶴樓災永豐大水官廨倉庫及民

房俱塌山田桑土刻淤數千畝十二月廬陵安平鄉資

國寺牡丹盛開

乾隆元年丙辰二月廬陵青原小山三鳴坊廓鄉羊牯井湧

出源泉忽大水漫岸結成二字四圍有龍鳳之異三日

夜乃滅是年隴內禾麥兩岐府屬大有年萬安五色雲

見東方安福大水黃陂橋圮沿江田畝廬舍衝塌

三年戊午夏秋府屬大旱螟

七年壬戌四月朔蓮花廳石廊洞側地陷溪水驟湧白氣如

虹結爲雲霧

八年癸亥府屬大祲民以仙粉土和菜充饑

十三年戊辰五月蓮花廳四都大風偃禾又三日反風偃者復植穫有秋

十四年己巳四月府屬麥俱有秋泰和眞武廟災永豐重建學宮上樑前一日明倫堂堦下産紫芝

十五年庚午秋七月府境大水泰和學宮雙桂並實

十六年辛未蓮花廳曬米坪松梢甘露降

十七年壬申廬陵民人一産三男安福石屋山麓産靈芝之十二月廬陵冰凍作花有松栢菱荷牡丹及龍鳳龜鶴之狀

十九年甲戌四月府境大水壞民廬舍

二十一年丙子廬陵有五色文鳥飛入蕭氏家三日乃去

二十七年壬午正月二日廬陵境聞天鼓鳴

二十九年甲申府境大水

三十年乙酉府屬歲大祲五月七日安福九龍山頂水湧墜巨石數十丈又武功山亦然墜石處並成溪

三十二年丁亥二月廬陵大雨雹傾屋折樹

三十三年戊子安福蟲苗禾俱盡

三十五年庚寅府屬秋大稔

三十六年辛卯六月安福武功山天心瀑水崖蛟出水漲安福縣蓮花驛衝壓田房淹斃人口

三十七年壬辰夏六月安福見巨蛇有鱗甲其聲如猫頭尾初似菜花蛇三日變紅黃五日乃去

三十八年癸巳三月安福洋澤石門山白晝有聲石罅大開有風烟自中出經時乃散石仍合如故

三十八九兩年府屬大稔以上盧志

四十一年秋九月泰和大水

四十二年廬陵縣齋桂樹下生紫芝三本

四十四年春夏泰和安福大饑六月永豐雨雹傾民房屋瓦皆飛

四十五年秋八月泰和疫安福旱饑

四十九年夏泰和安福永豐大水饑

五十一年丙午廬陵泰和永豐永新安福五縣皆旱有自四月至七月始雨者明年飢

五十四年己酉府境皆旱永豐五月始插秧秋泰和永豐龍泉疫

五十七年壬子春淫雨安福地震陷屋及田泰和雲亭江大水

六十年乙卯夏泰和大雨雹秋學宮雙桂並實

嘉慶元年丙辰春正月大雨雪摧樹木二月廬陵大雨雹破屋折樹

五年庚申春正月木冰秋七月大水九月大雨雪

六年辛酉永豐虎見都司呂景雲率兵捕殺之廬陵地震春安福東山寺埨頂烟繚繞三日始散

七年壬戌歲饑

十年乙丑冬廬陵泰和龍泉地震永寧地震三日明年疫

十二年丁卯永豐雷拔宮牆大樹夏五月旱

十三年戊辰冬十月龍泉地震十一月泰和地震

十七年壬申秋七月贛江禾江漲

十八年癸酉贛江大水萬安學宮牆垣衝圮漂壞田廬

十九年甲戌大饑民掘白土為食永豐雹傷禾稼

二十年乙亥夏泰和永新大饑

二十二年丁丑安福重修學宮得前明銅鑪一銅瓶二

二十五年庚辰元日雷震夏秋大旱泰和萬安疫

道光元年辛巳秋九月泰和城隍廟災安福蟲食粟

二年（壬午）秋府境大稔

三年（癸未）春正月雪深數尺府境大稔

六年（丙戌）夏府境大旱大饑安福山崩黑水湧出拔樹壞田廬永新蛟出衝決田廬無算溺死千餘人 朝廷發帑賑之

九年（己丑）夏五月永豐大水

十年（庚寅）秋八月贛江禾江瀘江恩江均漲民饑

十一年（辛卯）永豐藏書閣羣蜂來巢士人舉明正統周旋事以爲瑞是科縣人劉繹登鄉榜後四年廷試第一

十四年（甲午）府境大水漂沒人畜田廬無算大饑人食野菜

廬陵縣南民家雌雞化雄

二十五年乙未府境大旱禾稿安福北門火延燒數十家泰和

疫各縣饑

二十六年丙申歲稔安福大雨雹

二十二年壬寅秋八月永豐大水西方白氣如匹練月餘乃

滅

二十四年甲辰贛江神岡山江漲

二十六年丙午春正月木冰

二十七年丁未龍泉雨雹大如椀

二十八年戊申春大凌贛江漲

二十九年己酉夏六月泰和山水暴漲壞田廬

三十年庚戌秋大疫

咸豐三年癸丑夏六月霪雨兼旬稻生秧泰和紅蝗蝍繞縣堂日無光七月安福山崩數十處水溢決田廬永新萬安亦然

四年甲寅吉安屬縣大饑安福萬安地陷桐樹生枝如刀矛劍戟狀

五年乙卯夏六月廬陵牝豬生子如人形永豐鬼燐百里相接白氣自西竟東其冬粵寇至

六年丙辰贛江火點如星徹夜泰和豺狼四出秋安福武功香爐峯青烟籠頂曉日照之成紫色

七年丁巳夏四月龍泉雨血永豐地震有聲秋七月安福飛蝗入境

八年戊午冬十月虎出泰和鄉人斃之萬安山崩平地水湧起漂決田廬

九年己未春三月永豐大雨雹民饑冬龍泉雨豆種之葉似菉豆莖則木

十年庚申夏永豐雹壞屋虎噬人永新大風拔木壞廬舍

同治元年壬戌春府境大風拔木夏安福有雙鳥五色尾徑尺文采爛然聲如樂諧

三年甲子夏永新禾江漲永豐雨五色豆安福山裂

五年丙寅三月贛江水漲永豐雨米雨豆色黑赤夏安福試場內有赤氣一道自南迤北光燭天時縣試初場

八年己巳春二月白晝昏黑逾時復明淫雨夏五月贛江漲

永新風拔古樹木心見天下太平字安福雹傷麥萬安
山崩淹田廬人畜永豐亦如之
九年庚午夏秋大旱大饑永豐雨雹
十年辛未春正月木冰歲稔
十一年壬申春正月大雪夏秋疫冬十二月初三日大雷聲
聞數百里
十二年冬盧陵縣西北境羣狼噬人十二月二十六日舜
化鄉山中天雨豆色黑而形小土人就地掃取有得一
二石者食之味如杏仁
十三年盧陵縣東北境羣狼噬人明年亦如之